Lars Niedermeyer

Filtrationskinetik offener Partikelfilter

Kraftfahrzeugtechnische Berichte
Herausgegeben von Prof. Dr. Klaus Augsburg
Fachgebiet Kraftfahrzeugtechnik an der
TU Ilmenau

Band 10

Filtrationskinetik offener Partikelfilter

Lars Niedermeyer

Universitätsverlag Ilmenau

2019

Impressum

Bibliografische Information der Deutschen Nationalbibliothek
Die Deutsche Nationalbibliothek verzeichnet diese Publikation in der Deutschen Nationalbibliografie; detaillierte bibliografische Angaben sind im Internet über http://dnb.d-nb.de abrufbar.

Diese Arbeit hat der Fakultät für Maschinenbau der Technischen Universität Ilmenau als Dissertation vorgelegen.

Tag der Einreichung:	4. Oktober 2018
1. Gutachter:	Univ.-Prof. Dr.-Ing. Klaus Augsburg (Technische Universität Ilmenau)
2. Gutachter:	Prof. Dr.-Ing. Gennadi Zikoridse (Hochschule für Technik und Wirtschaft Dresden)
3. Gutachter:	Privatdozent Dr.-Ing. habil. Wolfram Gottschalk (IAV GmbH Ingenieurgesellschaft Auto und Verkehr, Gifhorn)
Tag der Verteidigung:	10. April 2019

Technische Universität Ilmenau/Universitätsbibliothek
Universitätsverlag Ilmenau
Postfach 10 05 65
98684 Ilmenau
https://www.tu-ilmenau.de/universitaetsverlag

ISSN 1865-0880
ISBN 978-3-86360-206-2 (Druckausgabe)
URN urn:nbn:de:gbv:ilm1-2019000137
DOI 10.22032/dbt.38502

Titelfoto: Veit Henkel | Fakultät für Maschinenbau, TU Ilmenau

Vorwort

Die vorliegende Arbeit entstand im Rahmen meiner Tätigkeit als wissenschaftlicher Mitarbeiter am Fachgebiet Kraftfahrzeugtechnik der Technischen Universität Ilmenau.

Mein besonderer Dank gilt Herrn Prof. Dr.-Ing. Klaus Augsburg, welcher es mir als Leiter des Fachgebiets ermöglichte, mein Promotionsverfahren zu verwirklichen. Stets fand ich bei ihm in zahlreichen Diskussionen Anregungen und Ideen für die Realisierung der vorliegenden Arbeit.

Herrn Dr. rer. nat. Egbert Zienicke und Herrn Dr. rer. nat. Hartmut Grille möchte ich mich für die Unterstützung im Bereich der Mikrofluidik danken.

Ein weiterer Dank gilt allen Mitarbeitern des Fachgebiets Kraftfahrzeugtechnik für das stets angenehme und kollegiale Arbeitsumfeld sowie die häufigen und interessanten Diskussionen. Den Herren Hannes Sachse, Stefan Kirchner, Kristian Höpping, Viktor Schreiber, Peter Hauschild und Eric Bachmann danke ich besonders für die jederzeit intensive fachliche, aber auch moralische Unterstützung. Für die moralische Unterstützung möchte ich mich auch bei Frau Madlen Schmelcher und Frau Silvia Fuchs bedanken.

Wertvolle Hilfe bekam ich durch viele Studenten, die entscheidend zum Gelingen dieser Arbeit beigetragen haben. Dies gilt insbesondere für die Herren Georg Schröder, Matthias Wetzel und David Syba.

Abschließend möchte ich noch meiner Familie und meiner Freundin für die unerschöpfliche Geduld und Unterstützung bedanken, welche ebenfalls maßgeblich zum Gelingen der vorliegenden Arbeit beigetragen haben.

Zusammenfassung

Filtrationskinetik offener Partikelfilter

Das Reinigen eines partikelbeladenen Aerosols mit Hilfe faserbasierter Filter ist eine weit verbreitete Methode. Die der Reinigung zugrunde liegenden Vorgänge sind hochkomplex und in einfachen Modellen mathematisch nicht zu beschreiben. Die numerische Berechnung faserbasierter Filter in ihrer Gesamtheit stellt heutzutage immer noch eine sehr große Hürde dar. Bekannte Ansätze beschränken sich meist auf die ausschnittsweise Beschreibung der Vorgänge in kleinen Teilen des Filters oder betrachten nur einzelne Fasern des Filters. Die ganzheitliche Berechnung der Vorgänge in einem Partikelfilter muss stets unter Berücksichtigung aller, die Abscheidung von Partikeln betreffender Größenskalen erfolgen.

Die vorliegende Arbeit beschäftigt sich mit der methodischen Entwicklung eines Berechnungsansatzes für die numerische Berechnung der zeitabhängigen Filtration eines Gesamtfilters in einer 3D Simulation. Berücksichtigt werden dabei insbesondere die in verschiedenen Größenskalen ablaufenden Vorgänge der Filtration. Dazu zählen vor allem das Abscheiden von Partikeln an einzelnen Fasern, die Durchströmung des Vlieses, das Durchströmen des Gesamtfilters sowie die zeitabhängige Beladung des Filters.

Den Beginn der Arbeit stellt die Entwicklung eines Programms zur Bestimmung der Einzelfasereffektivität durch die Berechnung der Partikeltrajektorien um die Faser für verschiedene Partikeldurchmesser und Anströmgeschwindigkeiten dar. Berücksichtigung in dieser Berechnung finden Abscheidemechanismen wie die Diffusion, die Interzeption und die Impaktion. Das Ergebnis der Berechnungen ist eine Datenbank, die die Einzelfasereffektivität für das Intervall von Partikelgrößen und Anströmgeschindigkeiten über einen gegebenen Faserdurchmesser wiedergibt. Aufbauend auf diesem Ergebnis wird ein 3D CFD Simulationsmodell des Partikelfilters erstellt und zunächst für den stationären Fall das Strömungsfeld und die Abscheideeffektivität berechnet. Strömungsfeld und Abscheideffektivität werden anhand geeigneter, experimenteller Untersuchungen plausibilisiert. Mit der Kenntnis der stationären Ergebnisse wird die zeitabhängige Beladung des Modells berechnet. Abschließend wird gezeigt, das die erarbeitete Methodik für beliebige, faserbasierte Filter anwendbar ist.

Summary

Filtration kinetics of open particulate filters

Cleaning of particle loaded aerosols with the help of fiber based filters is a widespreaded technique. The processes underlying the cleaning are highly complex and not mathematically describable with simple calculation models. Today the numeric calculation of a hole filter is still a big hurdle. Known approaches mostly are restricted to a despription of processes in the filter in small sections of the filter or consider only single fibers. An entirely simulation of the processes taking place in the inner structures of the filter has to consider all size scales affecting the seperation of particles.

The focus of this thesis is the development of a methodically approach for the numerical calculation of the time-dependent filtration of an entire filter in 3D CFD. Special consideration is taken to the different size scales in which the filteration takes place. There is for example the deposition of single particles on single fibers, the flow through the filtration fleece or the time-dependent loading of the filter.

The development of the calculation approach beginns with the development of a programm that calculates the single-fiber efficiency by calculating the flow of particles around a single-fiber for different inflow velocities and different particle sizes. In this programm the filtration mechanisms diffusion, interception and impaktion are considered. The result of the calculation is a database consisting of the single-fiber efficiency for an intervall of particle sizes and inflow velocities for a given fiber diameter. Up on this result a CFD model of the particulate filter is build and the flow field and the seperation efficiency is calculated for stationary case. Flow field and seperation efficiency are made plausible by suitable, experimental investigations. With the results of the stationary calculations the time-dependent loading of the model is calculated. Finally it is shown that the developed method is adaptable for random fiber based filters.

Inhaltsverzeichnis

Abbildungsverzeichnis **XV**

Tabellenverzeichnis **XXIII**

Abkürzungsverzeichnis **XXV**

Symbolverzeichnis **XXVII**

1 Einleitung **1**

2 Stand des Wissens **5**

2.1 Partikel 5

2.2 Partikelfilter 7

2.2.1 Geschlossene Systeme 7

2.2.2 Offene Systeme 8

2.3 Filtertheorie 10

2.3.1 Strömung innerhalb des Filters 13

2.3.2 Zellmodell 16

2.3.3 Stromfunktion 16

2.3.4 Zusammenfassung der Filtertheorie 18

2.4 Abscheidemechanismen 18

2.4.1 Interzeption 19

2.4.2 Impaktion 21

2.4.3 Diffusion 23

2.4.4 Kombinierte Mechanismen 25
2.5 Filtrationskinetik 26
2.5.1 Beladung in der mikroskopischen Ebene 27
2.5.2 Beladung in der makroskopischen Ebene 30

3 Aufgabenpräzisierung 33

4 Numerische Berechnung der Einzelfasereffektivität 39
4.1 Modellierung der Partikelbewegung 40
4.1.1 Geschwindigkeitsfeld 41
4.1.2 Lösung des Zustandsvektors 42
4.1.3 Implementierung 44
4.1.4 Diffusionsbewegung 46
4.2 Randbedingungen der Berechnung der Einzelfasereffektivität 47
4.3 Plausibilitätskontrolle 52
4.4 Ergebnis der numerischen Berechnung der Einzelfasereffektivität 57
4.5 Effektivität wachsender Fasern 59
4.6 Fazit 61

5 Numerische Modellierung des Partikelfilters 63
5.1 Aufbau des Modells 64
5.2 Strömungsmechanische Grundgleichungen 67
5.3 Definition des Rechenraums 69
5.4 Berechnung der partikelbeladenen Strömung innerhalb der Filterstrukturen 74
5.4.1 Definition der Partikelinjektion 75
5.4.2 Zeitliche Diskretisierung der Partikelbahn 78
5.4.3 Interpolation der Einzelfasereffektivität 80
5.4.4 Gesamtabscheideeffektivität 82
5.4.5 Massenabscheidung des Partikelstroms 82
5.4.6 Örtliche Diskretisierung 83

5.4.7 Lokale Penetration 83
5.4.8 Lokale Massenabscheidungsrate 84
5.5 Transiente Berechnung der Beladung des Filters 85
5.6 User Defined Function 89

6 Stationäre Berechnung des Partikelfilters 93
6.1 Analyse stationärer Ergebnisse 93
6.1.1 Statisches Druckfeld 94
6.1.2 Geschwindigkeitsfeld im Partikelfilter 95
6.1.3 Zusammenfassung der Berechnung der stationären Strömungsfelder 99
6.2 Plausibilisierung des stationären Strömungsfeldes 100
6.2.1 Plausibilisierung mittels Gegendruckmessung . . . 100
6.2.2 Plausibilisierung mittels Particle Image Velocimetry 102
6.3 Effektivitätsberechnung des Partikelfilters 110
6.3.1 Initial-Effektivität des offenen Partikelfilters 110
6.3.2 Partikelbahnen 112
6.3.3 Plausibilität der berechneten Abscheideeffektivität . 114
6.3.4 Partikelablagerungen im Partikelfilter 116
6.4 Fazit der stationären Berechnung des offenen Dieselpartikelfilters 120

7 Transiente Beladung des Partikelfilters 123
7.1 Beladung 125
7.2 Druckverlust und Penetration 129
7.3 Langzeitverhalten der Beladung des Filters 131
7.4 Plausibilisierung der Berechnung von Beladungsmasse und Penetration 133
7.5 Fazit der Berechnung von Beladungsmasse und Penetration 134
7.6 Vergleich des Beladungsverhaltens verschiedener Filtermodelle 136

7.7 Abscheideeffektivität verschiedener Filtermodelle für einzelne Partikelklassen bei anwachsender Beladung . . . 149
7.8 Fazit des Vergleichs verschiedener Filtermodelle . . . 153

8 Universelle Anwendung der Methode 155
8.1 Randparameter der Saugbaggersimulation . . . 156
8.2 Ergebnisse der Simulation . . . 158
8.3 Berechnung der Beladung der Feinstaubfilter der Sauganlage 159

9 Weiterführende Anwendungen der erarbeiteten Methodik 163
9.1 Beladung offener Partikelfilter mit Partikelemissionen aus Ottomotoren . . . 163
9.2 Berechnung transienter Fahrzyklen . . . 166

10 Zusammenfassung und Ausblick 173

A Anhang 179

Anhang 179
A.1 Programmablaufplan *cusfe* . . . 180
A.2 Eingangsdaten Simulation . . . 181
A.3 Darstellung poröses Medium der Feinstaubfilter der Sauganlage . . . 184
A.4 Darstellung Lochblech innerhalb der Sauganlage . . . 186

Literaturverzeichnis 188

Abbildungsverzeichnis

2.1 Partikelgrößenverteilung [Kit98] 6
2.2 Wickelform DPF [EMI12] 9
2.3 Lagenpaket metallischer DPF 9
2.4 Funktionsweise metallischer DPF [BKH06] 9
2.5 Schematische Darstellung Einzelfasereffektivität 12
2.6 Stromfunktion um eine Faser 15
2.7 Schematische Darstellung Interzeption 20
2.8 Schematische Darstellung Impaktion 21
2.9 Schematische Darstellung Diffusion 24
2.10 Faserwachstumsmodell nach Konstandopolous [KKKV05] . 30
3.1 Darstellung der skalenübergreifenden Funktionsebenen des offenen Partikelfilters 35
4.1 Geschwindigkeitsfeld, dimensionslose Darstellung, die Positionen x und y beziehen sich auf den Faserradius, die Geschwindigkeiten beziehen sich auf u_0 42
4.2 Startbedingungen für die Trajektorienkalkulation, Partikel werden in äquidistanten Abständen in y-Richtung am oberen Halbraum des Zellradius gestartet 48
4.3 Vergleich der simulierten Einzelfasereffektivität mit der empirisch berechneten Einzelfasereffektivität bei Vernachlässigung der Diffusion 53

4.4 Diffusionstest, Darstellung einzelner Partikelpositionen nach einer einzelnen Iteration, Vergleich der simulierten (grau) mit der theoretischen (rot) mittleren Verschiebung, Zeitschrittweite $1 \times 10^{-10} s$, Diffusionskoeffizient $D = 8,6584 \times 10^{-7}\, ms^{-1}$ (vgl. [Syb14b]) 53
4.5 Diffusionstest, Darstellung der Abweichung bzw. Unsicherheit des simulierten zum theoretischen Diffusionskoeffizienten im Verlauf über die Partikelanzahl 54
4.6 Vergleich simulierte Einzelfasereffektivität mit empirisch berechneter Einzelfasereffektivität unter Berücksichtigung der Diffusion, Impaktion und Interzeption 55
4.7 Darstellung berechneter Partikeltrajektorien drei verschiedener Partikeldurchmesser bei einer Fluidtemperatur von $T = 673,15\, K$, einer Anströmgeschwindigkeit von $u_0 = 0,05\, m\, s^{-1}$ sowie einer Partikeldichte von $\rho_p = 250\, kg\, m^{-3}$ 57
4.8 Einzelfasereffektivität berechnet mit dem Programm $cusfe$; 159744 Partikel; $T = 673,15\, K$; $d_f = 22\, \mu m$; $\alpha = 0,21$; $\rho_p = 250\, kg\, m^{-3}$ 58
4.9 Darstellung der Effektivität mit steigender Packungsdichte für verschiedene Geschwindigkeiten 60
5.1 Darstellung der in allen Simulationsmodellen verwendeten, grundlegenden Einzelzelle 65
5.2 Schematische Darstellung des Gesamtsystems 1-Lagenmodell sowie Deklaration der Einzelkörper 66
5.3 Schematische Darstellung des Gesamtsystems 9-Lagenmodell sowie Deklaration der Einzelkörper 67
5.4 Filtervlies 71
5.5 Messung der Verteilung der Kanalflächen auf der Filtereinlassseite 72
5.6 Partikelgrößenverteilung 76
5.7 Notation Berechnungsschritte 78
5.8 Notation der Berechnungsschritte innerhalb eines Kontrollvolumens zur zeitlichen und örtlichen Diskretisierung 84

5.9 Programmablaufplan zur Erweiterung der Effektivitätsberechnung . . . 90
6.1 Darstellung des Druckverlusts über das 1-Lagenmodell bei Eingangsgeschwindigkeiten von $4\,m\,s^{-1}$ und $20\,m\,s^{-1}$ . . . 94
6.2 Darstellung des Druckverlusts über das 9-Lagenmodell bei Eingangsgeschwindigkeiten von $4\,m\,s^{-1}$ und $20\,m\,s^{-1}$ . . . 95
6.3 Darstellung des Geschwindigkeitsfeldes über das 1-Lagenmodell bei Eingangsgeschwindigkeiten von $4\,m\,s^{-1}$ und $20\,m\,s^{-1}$ . . . 96
6.4 Darstellung des Geschwindigkeitsfeldes über das 1-Lagenmodell innerhalb des Filtervlieses bei einer Anströmgeschwindigkeit von $4\,m\,s^{-1}$ . . . 96
6.5 Darstellung des Geschwindigkeitsfeldes über das 1-Lagenmodell innerhalb des Filtervlieses bei einer Anströmgeschwindigkeit von $20\,m\,s^{-1}$ . . . 97
6.6 Darstellung des Geschwindigkeitsfeldes über das 9-Lagenmodell bei Eingangsgeschwindigkeiten von $4\,m\,s^{-1}$ und $20\,m\,s^{-1}$ . . . 98
6.7 Druckverlust und Geschwindigkeitsfeld über das 1-Lagenmodell bei einer Fluidtemperatur von $450\,°C$ und einer Anströmgeschwindigkeit von $12\,m\,s^{-1}$ . . . 99
6.8 Plausibilisierung des 1-Lagenmodells durch Vergleich gemessener (grau-gestrichelt) und simulierter (schwarz) Gegendrücke bei verschiedenen Betriebsvolumenströmen . . . 100
6.9 Plausibilisierung des 9-Lagenmodells durch Vergleich gemessener (grau-gestrichelt) und simulierter (schwarz) Gegendrücke bei verschiedenen Betriebsvolumenströmen . . . 101
6.10 Prinzip der Kreuzkorrelation . . . 103
6.11 Darstellung der Lichtschnitte LS30 und LS45 . . . 104
6.12 Darstellung der mit Seeding-Flüssigkeit versetzten Strömung in den Lichtschnitten LS30 und LS45 . . . 105
6.13 Plausibilisierung der Methode des knotenweisen Vergleichs zwischen Messung und Simulation . . . 106

6.14 Prozentuale Abweichung lokaler, absoluter Geschwindigkeiten aus Messung und Simulation innerhalb der Lichtschnittebene LS45 bei Anströmgeschwindigkeiten von $1,85\,m\,s^{-1}$ und $8,92\,m\,s^{-1}$ in der Simulation bzw. $0,12\,m\,s^{-1}$ und $0,58\,m\,s^{-1}$ in der Messung 107
6.15 Prozentuale Abweichung lokaler, absoluter Geschwindigkeiten aus Messung und Simulation innerhalb der Lichtschnittebene LS30 bei Anströmgeschwindigkeiten von $1,85\,m\,s^{-1}$ und $8,92\,m\,s^{-1}$ in der Simulation bzw. $0,12\,m\,s^{-1}$ und $0,58\,m\,s^{-1}$ in der Messung 108
6.16 Fraktionelle Abscheideeffektivität verschiedener Partikeldurchmesser bei einer Eingangsgeschwindigkeit von $4\,m\,s^{-1}$ 111
6.17 Abscheideeffektivität bei einer Eingangsgeschwindigkeit von $20\,m\,s^{-1}$ über dem Partikeldurchmesser 112
6.18 Darstellung der Partikelbahn mit der ID 1 einer $30\,nm$ Partikelinjektion mit einer Eingangsgeschwindigkeit von $4\,m\,s^{-1}$ durch das 1-Lagenmodell, farblich codiert dargestellt ist die Penetration der Partikelbahn 113
6.19 Darstellung der Partikelbahn mit der ID 2578 einer $30\,nm$ Partikelinjektion mit einer Eingangsgeschwindigkeit von $4\,m\,s^{-1}$ durch das 9-Lagenmodell, farblich codiert dargestellt ist die Penetration der Partikelbahn 114
6.20 Darstellung des Filtervliesdurchgangs einer Partikelbahn eines $30\,nm$ Partikels mit einer Eingangsgeschwindigkeit von $4\,m\,s^{-1}$ durch das 1-Lagenmodell 115
6.21 Vergleich des numerisch berechneten fraktionellen Partikeltrenngrad (rot) mit dem gemessenen fraktionellen Partikeltrenngrads der TH Karlsruhe (blau) [EMI12] 116
6.22 Darstellung der Partikelablagerungen im 1-Lagenmodell mit einer Anströmung von $4\,m\,s^{-1}$ 117
6.23 Darstellung der Partikelablagerungen im 9-Lagenmodell mit einer Anströmung von $4\,m\,s^{-1}$ 119

7.1 Darstellung der durchschnittlichen Beladungsmasse in einer Volumenzelle 126
7.2 Darstellung des durchschnittlichen Faserdurchmessers im Filtervlies 127
7.3 Darstellung der durchschnittlichen Porosität im Filtervlies . 128
7.4 Mittlere Massenabscheidungsrate der Volumenzellen pro Beladungsschritt 129
7.5 Darstellung des flächengewichteten, mittleren Gegendrucks an der Einlassfläche des Filtermodells über den berechneten Zeitraum von 150 Beladungsschritten 130
7.6 Darstellung der mittleren Partikelpenetration der Kontrollvolumen über den berechneten Zeitraum von 150 Beladungsschritten 131
7.7 Darstellung des Verlaufs des Gegendrucks des 1-Lagenmodells über einen Berechnungszeitraum von 800 Beladungsschritten 132
7.8 Darstellung des transienten Druckverlusts gemessen und berechnet bis zu einer Beladung von $0,2\,m\,s^{-1}$ 134
7.9 Darstellung des transienten Druckverlusts gemessen und berechnet für die ersten 500 Beladungsschritte 137
7.10 Darstellung der transienten Rußbeladung des Filtervlieses über den Zeitraum der ersten 500 Beladungsschritte 138
7.11 Darstellung der transienten Entwicklung der lokalen Rußbeladung im Filtervlies des 1-Lagenmodells der Beladungsschritte 25, 50, 75, 100, 200, 300, 400 und 500 bei niedriger Eingangsgeschwindigkeit 140
7.12 Darstellung der transienten Entwicklung der lokalen Rußbeladung im Filtervlies des 9-Lagenmodells der Beladungsschritte 25, 50, 75, 100, 200, 300, 400 und 500 bei niedriger Eingangsgeschwindigkeit 141

7.13 Darstellung der transienten Entwicklung der lokalen Rußbeladung im Filtervlies des 9-Lagenmodells der Beladungsschritte 25, 50, 75, 100, 200, 300, 400 und 500 bei niedriger Eingangsgeschwindigkeit, Seitenansicht 142
7.14 Darstellung des transienten Faserwachstums im Filtervlies über den Zeitraum der ersten 500 Beladungsschritte 143
7.15 Darstellung der transienten Entwicklung der lokalen Porosität im Filtervlies des 1-Lagenmodells in den Beladungsschritten 25, 50, 75, 100, 200, 300, 400 und 500 145
7.16 Darstellung der Entwicklung der Porosität des Filtervlieses über den Zeitraum der ersten 500 Beladungsschritte 146
7.17 Darstellung der transienten Entwicklung der Partikelpenetration der einzelnen Volumenzellen über den Zeitraum der ersten 500 Beladungsschritte 147
7.18 Darstellung der transienten Entwicklung der mittleren Massenabscheidungsrate der einzelnen Volumenzellen des Filtervlieses pro Beladungsschritt über den Zeitraum der ersten 500 Beladungsschritte 149
7.19 Darstellung der Abscheideeffektivität der einzelnen Partikelklassen bei verschiedenen Beladungsschritten des 1-Lagenmodells 150
7.20 Darstellung der Abscheideeffektivität der einzelnen Partikelklassen bei verschiedenen Beladungsschritten des 9-Lagenmodells 152
8.1 Fluidvolumen Saugbagger 156
8.2 Geschwindigkeitsfeld innerhalb der Sauganlage 159
8.3 Darstellung der Einzelfasereffektivität des Feinstaubfiltervlieses für den Einfang von Quarzsandteilchen 160
8.4 Definition der Partikelinjektion mittels einer Rosin-Rammler-Verteilung 161
8.5 Darstellung der Beladung der Feinstaubfilter der Sauganlage für verschiedene Beladungsschritte 162

9.1 Vergleich der Partikelemissionen eines direkteinspritzenden Otto- und Dieselmotors bei einer Fahrzeuggeschwindigkeit von 50 $km\,h^{-1}$ [EMI12] 164

9.2 Ergebnisse der Berechnung der Abscheideeffektivität einzelner Partikelklassen von 10 nm bis 600 nm von Ottomotorpartikelemissionen für das 1-Lagenmodell 165

9.3 Vergleich der Partikelemissionen eines Dieselmotors bei Fahrzeuggeschwindigkeiten von 50 $km\,h^{-1}$ bzw. 90 $km\,h^{-1}$ . . . 168

9.4 Darstellung der durchschnittlichen Beladungsmasse innerhalb des Filtervlieses während des Lastsprungs 169

9.5 Darstellung der durchschnittlichen Porosität im Filtervlies während des Lastsprungs 170

9.6 Darstellung des flächengewichteten, mittleren Gegendrucks am Einlass des Filtermodells während des Lastsprungs . . . 171

A.1 Programmschema des Programms *cusfe* 180

A.2 REM-Aufnahme Feinstaubfilter 185

A.3 REM-Aufnahme der Partikelverteilung in der Filterkammer mit einer Auflösung von 500 μm 187

Tabellenverzeichnis

2.1 Konstanten der Stromfunktion für Zellmodelle 17

6.1 Durchschnittlicher generierter Gegendruck der beiden Filterkonstruktionen an der Einlassfläche 95

6.2 Anströmgeschwindigkeiten der Plausibilisierung mittels PIV-Messung 105

7.1 Initial- und Endgegendruck der einzelnen Varianten über 500 Beladungsschritte 136

A.1 Materialkennwerte Luft bei $373,15\,K$ bzw. $673,15\,K$ 182

A.2 Koeffizienten poröses Medium 182

A.3 Partikeldurchmesser und -konzentration (Fahrzeuggeschwindigkeit $50\,km\,h^{-1}$) 182

A.4 Partikeldurchmesser und -konzentration (Fahrzeuggeschwindigkeit $90\,km\,h^{-1}$) 183

A.5 Partikeldurchmesser und -konzentration für die Berechnung des Zwischenschritts 183

A.6 Partikeldurchmesser und -konzentration des Ottomotors (Fahrzeuggeschwindigkeit $50\,km\,h^{-1}$) 184

A.7 Parameter Feinstaubfilter Sauganlage 184

A.8 Koeffizienten poröses Medium Feinstaubfilter 186

A.9 Koeffizienten poröses Medium Lochblech 186

A.10 Materialkennwerte Luft bei $293,15\,K$ 186

A.11 Parameter Rosin-Rammler Verteilung 187

Abkürzungsverzeichnis

CFD	Computational Fluid Dynamics
CUDA	Compute Unified Device Architecture
DPF	Dieselpartikelfilter
DMA	Differentieller Mobilitäts Analysator
DPM	Discrete Phase Model
GPU	Graphics Processing Unit
MSD	Mean Squared Displacement
NEFZ	Neuer Europäischer Fahrzyklus
PAK	Polyzyklische aromatische Kohlenwasserstoffe
RDE	Real Driving Emissions
REM	Rasterelektronenmikroskop
RSMD	Root Mean Squared Displacement
UDF	User Defined Function
UDM	User Defined Memory
WLTP	Worldwide harmonized Light Vehicle Test Procedure

Symbolverzeichnis

Symbol	Einheit	Bedeutung
A, B, C, E	1	Koeffizienten zur Lösung der Stromfunktion ψ
A_z	m^2	Diskretisierte Einlassfläche
B_{Su}, S_{Su}	1	Koeffizienten Sutherlandgleichung
C_{Su}	K	Sutherland-Konstante
Cu	1	Cunningham-Faktor
C_1, C_2	1	Koeffizienten Druckverlustgleichung nach Löffler
$\hat{c}_1, \hat{c}_2$	1	Beschreibungskoeffizienten Poröses Medium Fluent
D	$\frac{m^2}{s}$	Diffusionskoeffizient
d	m	Dicke
d_f	m	Durchmesser Faser
d_{fm}	m	Durchmesser beladene Faser
$d_{fm,c}$	m	Äquivalenter lokaler Faserdurchmesser
d_p	m	Durchmesser Partikel
d_r	m	Strecke, die ein Partikel in der Zeit τ_r zurücklegt
e_l		Lokaler Fehler
e_r		Relativer lokaler Fehler
F, G, H		Konstanten zur Berechnung des Cunningham-Faktors Cu

Symbol	Einheit	Bedeutung
F_D	N	Widerstandskraft
g_1, g_2		Vereinfachung Berechnung Geschwindigkeitsgleichungssystem
i, j, k	1	Index
K	$\frac{1}{m}$	Permeabilität
k_1	1	Widerstandskoeffizient Viskosität
k_2	1	Widerstandskoeffizient Trägheit
k_b	$\frac{J}{K}$	Stefan-Boltzmann-Konstante
Kn	1	Knudsen-Zahl
Ku	1	Hydrodynamischer Faktor Kuwabara
l_f	m	Faserlänge
l_{fv}	$\frac{1}{m^2}$	Faserlänge im Einheitsvolumen
m_{fp}	m	Mittlere freie Weglänge
Δm	kg	Abgeschiedene Masse
$\dot{m}$	$\frac{kg}{s}$	Massenstrom
$\dot{m}_p$	$\frac{kg}{s}$	Penetrierter Massenstrom
$\Delta\dot{m}$	$\frac{kg}{s}$	Abgeschiedener Massenstrom
$\Delta\dot{m}_c$	$\frac{kg}{s}$	Lokale Massenabscheidungsrate
$\Delta\dot{m}_p$	$\frac{kg}{s}$	Massenabscheidungsrate
N	1	Partikelanzahl
ΔN	1	Partikelanzahl, abgeschieden
N_{dim}	1	Anzahl Dimensionen
N_{It}	1	Anzahl Iterationen
N_P	1	Partikelanzahl
p, q	1	Koeffizienten zur Berechnung der bivarianten Interpolation
P	1	Penetration
Δp	Pa	Druckverlust
p_{atm}	Pa	Atmosphärendruck
$P_{c,p}$	1	Lokal diskretisierte Penetration
P_p	1	Penetration der Partikelgruppe
Pe	1	Péclet-Zahl

Symbol	Einheit	Bedeutung
R	1	Interzeptions-Zahl
r	m	Radius
r_c	m	Radius Kuwabara-Zelle
r_f	m	Radius Faser
r_p	m	Radius Partikel
R_F	$\frac{J}{kg\,K}$	Spezifische Gaskonstante
R_N	1	Residuum Newton Verfahren
Re	1	Reynolds-Zahl
Re_f	1	Reynolds-Zahl Faser
Re_{PM}	1	Reynolds-Zahl poröses Medium
s	m	Weg
s_c	m	Diskretisierter Wegabschnitt
s_D	1	Skalierungsfaktor poröses Medium
s_k	1	Skalierungsfaktor
s_p	m	Weg des Partikels
S_i		Impulsterm in i-ter Raumrichtung
St	1	Stokes-Zahl
t	s	Zeit
t_D	s	Diffusionszeit
t_p	s	Partikelzeitschrittweite innerhalb der zeitlichen Diskretisierung
T	K	Temperatur
T_0	K	Referenztemperatur
T_T	s	Zeitpunkt
$u,\ v,\ w$	$\frac{m}{s}$	Strömungsgeschwindigkeit in $x-$, $y-$, $z-$Richtung
u_0	$\frac{m}{s}$	Anströmgeschwindigkeit
u_m	$\frac{m}{s}$	Aktuelle lokale Geschwindigkeit
u_p	$\frac{m}{s}$	Partikelgeschwindigkeit
$u_{r,\,\Theta}$	$\frac{m}{s}$	Strömungsgeschwindigkeit in Polarkoordinaten
$u_{r_f,\,\Theta}$	$\frac{m}{s}$	Strömungsgeschwindigkeit auf der Faseroberfläche in Polarkoordinaten

Symbol	Einheit	Bedeutung
$u_{x,\,y}$	$\frac{m}{s}$	Strömungsgeschwindigkeit in kartesischen Koordinaten
u_{xx}, u_{xy}, u_{yx}, u_{yy}	$\frac{1}{s}$	Partielle Ableitung der Geschwindigkeit nach dem Weg
v	$\frac{m}{s}$	Eingangsgeschwindigkeit
V	m^3	Volumen
V_c	m^3	Diskretisiertes Zellvolumen
V_f	m^3	Volumen Faser
$V_{m,\,c}$	m^3	Volumen Beladungsmasse innerhalb einer Volumenzelle
V_P	m^3	Volumen Partikel
x, y, z	m	Position / Koordinate
$\dot{x}$, $\dot{y}$, $\dot{z}$	$\frac{m}{s}$	Geschwindigkeiten
$\vec{x}$	m	Ortsvektor
$\vec{x}_D$	m	Diffusionsverschiebung
$\vec{x}_{St}$	m	Verschiebung aus der Bewegungsgleichung
$\dot{\vec{x}}$	$\frac{m}{s}$	Geschwindigkeitskomponente in x-Richtung
y_0	m	Stoßfaktor
α	1	Packungsdichte
α_c	1	Lokale Packungsdichte
α_b	1	Kugelpackungsdichte
α_s	1	Aktuelle lokale Packungsdichte
γ	1	Porosität
γ_t	1	Zwischenschrittweite TBDRF2 Verfahren
ϵ_A		Absolute Fehlertoleranz
ϵ_R		Relative Fehlertoleranz
η	$\frac{kg}{m\,s}$	Dynamische Viskosität
η_0	1	Anfangseffektivität
η_D	1	Einzelfasereffektivität Diffusion

Symbol	Einheit	Bedeutung
η_{DR}	1	Einzelfasereffektivität Diffusion / Interzeption
η_E	1	Effektivität
η_I	1	Einzelfasereffektivität Impaktion
η_L	1	Schichteffektivität
η'_L	1	Schichteffektivität, bezogen auf unbeladenen Faserdurchmesser
η_p	1	Effektivität eines Partikelstroms
η_R	1	Einzelfasereffektivität Interzeption
η_s	1	Einzelfasereffektivität
η'_s	1	Einzelfasereffektivität, bezogen auf unbeladenen Faserdurchmesser
Θ	$^\circ$	Winkel
κ	1	Faktor zur Berechnung der Partikelbewegung
λ_S	1	Vektorlängenverhältnis Schnittpunkt
ν	$\frac{m^2}{s}$	Kinematische Viskosität
$\dot{\xi}_c$	$\frac{kg}{m^3\,s}$	Mittlere Beladungsrate
π		Zahl Pi
ρ	$\frac{kg}{m^3}$	Dichte
ρ_P	$\frac{kg}{m^3}$	Dichte eines Partikels
$\sigma_{1D,\,2D}$		Verschiebung des Partikels im $1D$ bzw. $2D$ Raum (RMSD)
σ^2		Mittlere quadratische Verschiebung (MSD)
τ_r	s	Relaxationszeit
ψ		Stromfunktion
∇		Nabla-Operator

Kapitel 1

Einleitung

Die heutige Mobilität, wie wir sie jeden Tag erfahren, ist aus unserem Alltag nicht mehr wegzudenken. Eine Kernlast der individuellen Fortbewegung wird hierbei durch den privaten Kraftfahrzeugverkehr getragen. In Zeiten des Klimawandels und dem damit einhergehenden, sich ändernden Bewusstsein gegenüber den Emissionen verbrennungsmotorischer Prozesse, wie sie aktuell im Großteil der heutzutage betriebenen Fahrzeugflotte stattfinden, ist die Reduktion der Emissionen des Fahrzeugverkehrs ein Hauptanliegen zur Beibehaltung der individuellen Mobilität, wie wir sie heute kennen.

Politisch wird diesen Diskussionen mit Hilfe der Abgasgesetzgebung entgegengetreten, welche sukzessiv verschärft wird. In den so genannten Euro-Normen ist zunächst die Emission des für den Menschen direkt schädlichen Kohlenmonoxids (CO) sowie die Emission von Kohlenwasserstoffen (HC) und Stickoxiden (NO_x) reglementiert worden.

Neben den reinen, gasförmigen Bestandteilen des Abgases gehören auch partikelförmige Emissionen zum Abgas. Diese wiederum zählen zum Feinstaub und wurden in dem im Jahr 1987 definierten "National Air Quality"-Standard for Particulate Matter (PM-Standard) der US-amerikanischen Umweltschutzbehörde EPA (Environmental Protection Agency) beschrieben sowie kategorisiert. Hervorzuheben in dieser Kategorisierung sind die Klassen PM_{10}, welche das Abscheideverhalten der oberen Atemwege nachbildet und nach der sich die Grenzwerte zur innerstädtischen Feinstaubbelastung innerhalb der Europäischen Union orientieren, $PM_{2,5}$, welche die PM_{10} um die lungengängigen (alveolengängigen) Partikel ergänzt, sowie die ultrafeine $PM_{0,1}$, zu der Feinstaub verbrennungsmotorischer Emissionen hauptsächlich gehört. [Vin07]

Mit Inkrafttreten der Euro 3-Norm für Dieselmotoren wurde ein Grenzwert für die mit dem Abgas emittierte Partikelrußmasse eingeführt. Dieser konnte zunächst durch innermotorische Maßnahmen eingehalten werden, wobei zu beachten ist, dass grundsätzlich eine innermotorische Reduzierung der Partikelemissionen immer in einem gegenläufigen Zusammenhang mit der Emission von Stickoxiden (NO_x) steht.

Mit Einführung der Euro 4-Norm kam Dieselpartikelfiltern (DPF) in der Abgasnachbehandlung großflächig zum Einsatz und ermöglichte die Einhaltung der Grenzwerte. Neben der Reglementierung der emittierten Partikelmasse wurde mit der Euro 5c-Norm auch die emittierte Partikelkonzentration (PN) für den Dieselmotor begrenzt.

Funktional basieren Partikelfilter auf Aerosolfiltern. Bei diesen Filtern wird ein partikelbeladenes Aerosol mit Vorgängen, welche in verschiedenen Größenskalen von der Mikro- bis in die Makroebene stattfinden, gereinigt. Die Reinigungsleistung eines Aerosolfilters ist abhängig vom aktuellen Beladungszustand des porösen Inneren des Filters. Im Falle der faserbasierten Filter erfolgt das Abscheiden einzelner Partikel auf der Ebene einzelner Fasern und unterliegt verschiedenen Mechanismen, welche von unterschiedlichen Faktoren (z. B. Partikelgeschwindigkeit, Partikeldichte, Faserdurchmesser, Packungsdichte, etc.) abhängig sind. Mathematisch werden diese Mechanismen für den eindimensionalen Betrachtungsraum im Allgemeinen durch empirische Ansätze beschrieben, die nur eine eng begrenzte Gültigkeit (Partikelgröße, Partikelgeschwindigkeit, etc.) aufweisen.

Historisch wurden für den Dieselmotor zwei konstruktiv unterschiedliche Bauformen von Partikelfiltern entwickelt. Unterteilen lassen sich die Bauformen dadurch, ob durch das Innere des Filters gesehen werden kann oder nicht. Im Falle der Möglichkeit des Hindurchschauens durch den Filter wird von einem offenen Partikelfilter gesprochen. Dieser zeichnet sich hauptsächlich durch einen geringeren, zu überwindenden Strömungswiderstand als im Falle der zweiten Bauform, dem geschlossenen System, aus. Der höhere Strömungswiderstand resultiert im Fall des geschlossenen Filtersystems aus einem erzwungenen Durchströmen des partikelbeladenen Aerosols durch das Trägermaterial.

Das Betriebsregime dieser zur Einhaltung der vorgegebenen Grenzwerte notwendigen Dieselpartikelfiltertechnologie erfordert einen Abbrand des eingelagerten Rußes bei einem definierten Beladungszustand. In Neufahrzeugen verwendete geschlossene, keramische Systeme erreichen einen Filtrationswirkungsgrad von bis zu 99 %, erkaufen dies jedoch wie bereits erwähnt mit einem relativ hohen Druckverlust, was sich direkt auf den Kraftstoffverbrauch auswirkt sowie einem aktiven Eingriff in die Verbrennungsprozesssteuerung des Motors zur Einleitung einer notwendigen Regeneration. Für die Nachrüstung älterer Fahrzeuge haben sich offene Partikelfilter auf metallischer Basis bewährt, welche lediglich eine so genannte passive Regeneration benötigen, die keinen aktiven Eingriff in die Verbrennung benötigen, und nicht verstopfen können. Weiterhin bietet sich die Bauart der offenen Partikelfilter für die Nachrüstung älter Fahrzeuge an bzw. Fahrzeuge, dessen Partikelemissionen durch innermotorische Maßnahmen (z. B. Gemischaufbereitung, Abgasrückführung) bereits nah an den gesetzlichen Werten liegen.

Aktuell ist das Problem der Partikelemission für den Dieselmotor mit dem Einsatz von Dieselpartikelfiltern in der Abgasanlage gelöst. Durch die Einführung der Direkteinspritzung bei Ottomotoren emittieren diese prozessbedingt ebenfalls Partikel in erhöhtem Maße. In ersten Untersuchungen liegen die Konzentrationen sogar höher als der mit der Euro 5c-Norm in der Verordnung (EG) Nr. 715/2007 ([Ver07]) vom 20. Juni 2007 festgelegte Grenzwert für die emittierte Partikelkonzentration für Dieselmotoren von $6 \times 10^{11} \frac{1}{km}$ [BL07, HKF11].

Das Gebiet der offenen Partikelfilter bietet Entwicklungspotential, welches vor allem in der Anpassung der inneren Strömungsführung oder in der Gestaltung des die Partikel filternden Vlieses bezüglich der beiden maßgeblichen Entwicklungsschwerpunkte, generierter Abgasgegendruck und

Filtrationsleistung, an den jeweiligen Einsatzzweck liegt. Diese Entwicklungsschwerpunkte sind experimentell nur für das Gesamtsystem Aerosolfilter zu messen. In den mikroskopischen Maßstäben, in denen das Aerosol gereinigt wird, sind die Vorgänge eines Aerosolfilters nur sehr schwer zu beobachten. Ein Weg, die Vorgänge im Inneren eines Filters zu visualisieren ist die dreidimensionale Strömungssimulation, in welcher die inneren Strukturen von Teilen des Filters aufgelöst werden.

In einer dreidimensionalen Strömungssimulation können Aerosolfilter, wie die Partikelfilter, in ihrer Gesamtheit nicht bis ins kleinste, geometrische Detail dargestellt und berechnet werden. Dieser Umstand liegt darin begründet, dass die für eine realitätsgetreue Simulation der Filtration notwendige Diskretisierung die Möglichkeiten heutiger Rechentechnik übersteigt. Simulationen aerosolbeladener Fluide mit einem Diskretisierungsgrad, welche einzelne Partikel auflösen, sind heutzutage nur für kleine Ausschnitte von Filtern möglich. Dabei wird der poröse Körper des Filters im Simulationsmodell als physisch vorhandener Körper, an welchem sich einzelne Partikel abscheiden, dargestellt.

Das Ziel der vorliegenden Arbeit ergibt sich folglich aus dem Fehlen eines rechentechnischen Ansatzes zur Beschreibung solcher Aerosolfilter. Die zu entwickelnde Methodik muss in der Lage sein, unabhängig von der Emissionsquelle, die verschiedenen Funktionsebenen, auf welchen die Filtration stattfindet, analytisch und exakt abzubilden und in einem Simulationsmodell zusammenzufassen. Von Bedeutung sind hierbei das Durchströmen eines aerosolbeladenen Fluids durch den Gesamtfilter, das Umströmen bzw. Abscheiden einzelner Partikel an einer Einzelfaser in der Mikroebene, die daraus resultierende, lokale Beladung des Filters in der Makroebene und dem mit der Beladung einhergehenden Ansteigen des Filtrationsgrades und des Druckverlusts über den Filter. Zukünftig soll es möglich sein, mit den Ergebnissen der vorliegenden Arbeit Partikelfilter für alle denkbaren Einsatzzwecke zu simulieren und zu optimieren.

Kapitel 2

Stand des Wissens

2.1 Partikel

In der EU-Richtlinie 1999/96/EG sind „luftverunreinigende Partikel" als Stoffe definiert, die bei einer Temperatur von höchstens 325 K nach Verdünnung der Abgase mit gefilterter, reiner Luft an einem bestimmten Filtermedium abgeschieden werden.

Die in diesem Zusammenhang interessanten Partikel wachsen aus Ruß, welcher bei unvollständiger, innermotorischer Verbrennung unter extremen Luftmangel entsteht. Chemisch handelt es sich bei den Partikeln zum größten Teil um elementaren Kohlenstoff mit graphitischer Struktur [Mar14]. Der Prozess der Rußentstehung ist hochkomplex und wird in der Literatur unterschiedlich durch verschiedene Ansätze beschrieben. Heutzutage ist die Acetylenpyrolyse die weitgehend anerkannte Hypothese [Hop01], weswegen diese hier näher vorgestellt wird. Das Acetylen (C_2H_2) entsteht bei hohen Temperaturen durch thermisches Cracken der langkettigen Kraftstoffmoleküle, welche in Radikale und eben das stabile Zwischenprodukt Acetylen zerfällt. Durch den Wasserstoff-Abstraktions- / C_2H_2-Additionsmechanismus („HACA"-Mechanismus) formen sich zusammenhängende, polyzyklische, aromatische Kohlenwasserstoffe (PAK) [FW90]. Eine weitere Polymerisation begünstigt das Anwachsen der polyzyklischen Aromate.

Diese PAK-Ringe wachsen unter Dehydrierungs- und Polymerisationsvorgängen zu größeren Gebilden so lange an, bis sie nicht mehr in einer Ebene angeordnet sind, sondern ein räumliches Gebilde darstellen und von Rußpartikeln gesprochen werden kann [MSSO06]. Diese Partikel werden als Primärpartikel bezeichnet, sind kugelförmig und können bis zu $30\,nm$ groß werden. Sich aus diesen Primärpartikel agglomerierende Partikel können größer als $100\,nm$ werden und nochmals durch strömungstechnische Bedingungen auf Größen von über $5\,\mu m$ anwachsen.

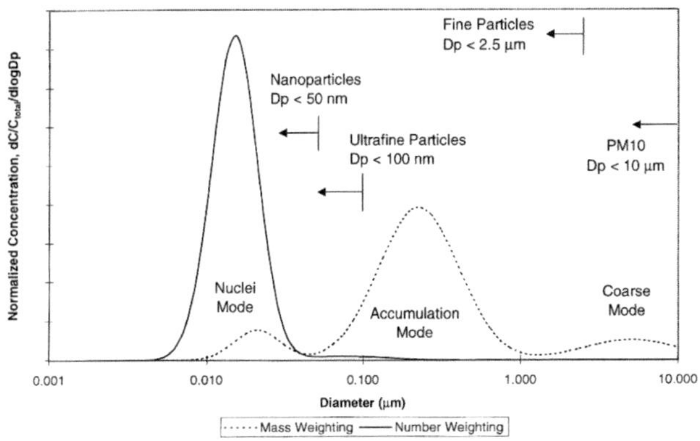

Abb. 2.1: Partikelgrößenverteilung [Kit98]

Eine Charakterisierung der Filtration im Dieselpartikelfilter (DPF) erfordert die Kenntnis über die Größenverteilung der vom Dieselmotor emittierten Partikel. Nach Kittelson [Kit98] lassen sich drei Größenkategorien dieselmotorischer Emissionen definieren. Der Nukleationsmode wird durch Partikel im Nanobereich ($5 - 50\,nm$) charakterisiert. Diese Partikel haben häufig keinen festen Partikelkern und entstehen durch Nukleationsprozesse bei der Verdünnung bzw. der Abkühlung des Abgases. Der Akkumulationsmode ist gekennzeichnet durch Partikel im Bereich von $50\,nm$ bis $300\,nm$. In diesem Größenbereich finden sich vor allem direkte Verbrennungsprodukte aus feststoffartigem Kohlenstoff. Größere Partikel mit einem Durchmesser von über 1000 nm werden als Grobgut bezeichnet. Diese Gruppe besteht vorwiegend aus Partikeln, die im Motorraum oder im Abgastrakt abgeschieden wurden und sich wieder abgelöst haben. Abb. 2.1 zeigt eine typische Partikelgrößenverteilung eines Dieselmotors. Der logarithmischen Darstellung sind sowohl die anzahl- als auch die massenspezifische Verteilung zu entnehmen. Wie zu erkennen ist, haben die Partikel des Akkumulationsmode den höchsten Anteil der Partikelmasse und die des Nukleationsmode den höchsten Anteil der Partikelanzahl. Des Weiteren lassen sich der Abbildung die in der Literatur für die Einteilung von Partikelklassen häufig verwendeten Bezeichnungen entnehmen.

2.2 Partikelfilter

Ein adäquates Mittel zur Reduzierung der Feinstaubemissionen moderner Dieselfahrzeuge seit Einführung der Euro 4-Abgasnormen ist der Dieselpartikelfilter (DPF). Neben der reinen Rußabscheidung als wichtigste Anforderung bestehen weitere Anforderungen hinsichtlich eines möglichst geringen Abgasgegendrucks, einer möglichst hohen, thermischen Beständigkeit, eines guten, thermischen Ansprechverhaltens sowie einer möglichst hohen Beständigkeit gegenüber negativen Einflüssen. [Bas10, S. 845]

Entsprechend des Funktionsprinzips lassen sich die Dieselpartikelfilter funktional in zwei verschiedene Gruppen, offene und geschlossene Systeme, einteilen.

2.2.1 Geschlossene Systeme

Geschlossene Systeme bestehen zumeist aus einem keramischen Trägermaterial und beruhen auf dem Wandstromfilterprinzip. Die Abscheidung der Partikel erfolgt, indem der gesamte Abgasstrom durch die porösen, keramischen Wände geleitet wird. Innerhalb der keramischen Wände lagern sich die Partikel zunächst an der Oberfläche des porösen Grundmaterials an. Bei diesem Vorgang wird von Tiefenfiltration gesprochen. Das Anlagern der Partikel innerhalb der Wände bedingt eine Verringerung der Porosität der Keramik und dem Partikelstrom ist es nicht mehr möglich, die porösen Wände frei zu durchströmen. An dieser Stelle geht die Tiefenfiltration in eine Oberflächenfiltration über, bei der sich die Partikel auf der Oberfläche der keramischen Wände ablagern und einen so genannten Rußkuchen bilden. Charakteristisch für den Rußkuchen ist, dass dieser eine geringere Porengröße aufweist als das keramische Grundsubstrat. Einem stetig wachsenden Rußkuchen folgt ein Wachsen des Abgasgegendrucks. Die Vermeidung von Leistungseinbußen oder einem stark erhöhten Kraftstoffverbrauch macht eine Regeneration des Dieselpartikelfilters notwendig, bei der die Rußschicht abgebrannt wird. Hierbei wird aktiv in die Steuerung des Verbrennungsprozesses eingegriffen, so dass die Abgase eine Temperatur von 600 °C bis 650 °C erreichen und der Ruß mit dem im Abgas vorhandenen Sauerstoff oxidiert. [Bas10, S. 506]

2.2.2 Offene Systeme

Bei den offenen Systemen handelt es sich um Dieselpartikelfilter, welche nach dem Nebenstromprinzip arbeiten. Dies bedeutet, dass im Gegensatz zu den Wandstromfiltern der Abgasstrom nicht unbedingt durch das filternde, poröse Medium geleitet wird, sondern mit Hilfe mehrerer hintereinanderliegender Schaufeln in ein Vlies abgeleitet werden kann. Im Gegensatz zu einem geschlossenen Partikelfilter hat der Abgasstrom aber die Möglichkeit, durch Nebenkanäle, welche neben den Schaufeln liegen, den Filter zu durchströmen.

Aufbau

Die in dieser Arbeit betrachteten Partikelfilter stammen aus dem Projekt „Partikelfilter-System mit Wärmerückgewinnung“ [EMI12]. Sie bestehen aus einem Paket mehrerer Lagen Metallbleche mit eingepressten Schaufeln und mehreren Lagen Sintermetallvlies. Die in diese Bleche eingebrachten Schaufeln haben die Aufgabe, das den Filter durchströmende Abgas gezielt in das Filtervlies zu leiten. Das der Abscheidung der Partikel dienende Filtervlies besteht aus einem Metallfasergewebe und die Abscheidung beruht auf den Funktionsprinzipien eines Aerosolfilters. Dieses Lagenpaket wird, wie in den Abb. 2.2 und 2.3 zu sehen ist, zu einem zylinderförmigen Körper gewickelt.

Abb. 2.2: Wickelform DPF [EMI12]

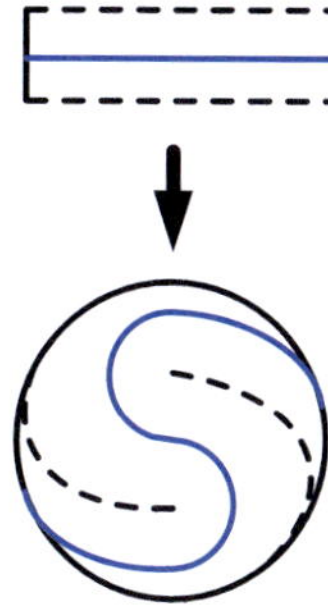

Abb. 2.3: Lagenpaket metallischer DPF

Funktionsweise

Wie bereits dargelegt, folgt die Partikelabscheidung im offenen System dem Prinzip eines Aerosolfilters, bei der sich die Partikel im Inneren des Filtervlieses ablagern. Das Funktionsprinzip, nach welchem der Filter arbeitet, ist

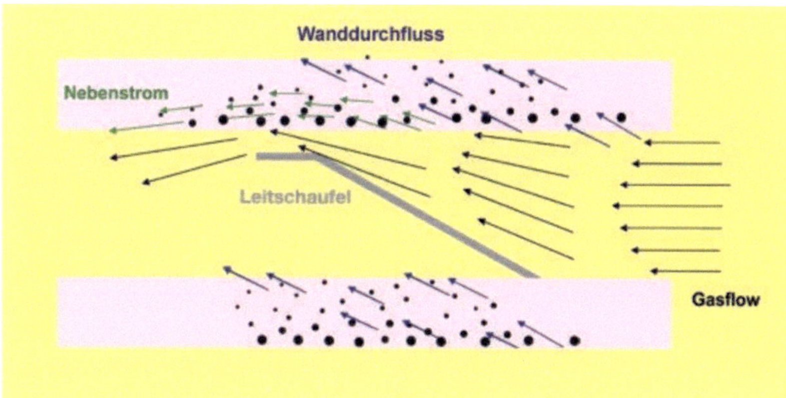

Abb. 2.4: Funktionsweise metallischer DPF [BKH06]

das eines Nebenstromfilters, in welchem ein Teil des Abgasstroms von den Schaufeln radial in Richtung des Filtervlieses geleitet wird. Dabei entsteht eine direkte Durchströmung des Filtervlieses. Der Anteil des radial strömenden

Abgases ist relativ gering, was zu moderaten Strömungsgeschwindigkeiten innerhalb des Filtervlieses führt. Hinter der Schaufel erfährt der die Schaufel axial passierende Abgasstrom durch die Querschnittsverengung eine Durchmischung unterschiedlicher Strömungsanteile. Hierbei entsteht eine axiale Strömung in das Filtervlies hinein. Abb. 2.4 stellt die prinzipielle Funktionsweise des DPF vor.

Im Inneren des Filtervlieses begünstigen, in Abhängigkeit von Partikelgeschwindigkeit und -masse, verschiedene Mechanismen die Abscheidung der Partikel.

2.3 Filtertheorie

Der Aufbau eines Faserfilters besteht aus einer Matte, welche aus einem Geflecht von Fasern hergestellt wurde. In dieser Fasermatte bestimmt der Quotient α das Verhältnis von Faservolumen V_f zum Gesamtvolumen V. Im Allgemeinen wird dieser Quotient als Packungsdichte bezeichnet. Die Porosität γ beschreibt analog das Luftvolumen. [Hin99, S. 186]

$$\alpha = \frac{V_f}{V} \tag{2-1}$$

Hauptkriterien für die Bewertung von Aerosolfiltern sind vor allem der Druckverlust als Maß für den Energieaufwand der Abscheidung und der Abscheidegrad, als Maßstab für die Trennleistung des Filters. Faserfilter besitzen durch offene, dreidimensionale Strukturen einen geringen Anfangsgegendruck. Die Abscheidung des Faserfilters beruht darauf, dass sich einzelne Partikel an einer Faser absetzen. Diese Partikel weisen eine beträchtlich geringere Größe als der Abstand zweier benachbarter Fasern auf. Daraus lässt sich folgern, dass an der Abscheidung einzelner Partikel immer nur eine Faser beteiligt ist. Die Effekte, welche an einer einzelnen Faser auftreten und zur Partikelabscheidung führen, sind in der Einzelfasertheorie zusammengefasst. Der Abscheidegrad eines Filters wird durch den Filterwirkungsgrad η_E beschrieben. Dieser beschreibt das Verhältnis der Anzahl von zurückgehaltenen Partikeln zur Gesamtpartikelanzahl. Die Penetration P ist dementsprechend ein Maß für die Fähigkeit der Partikel, einen Filter zu durchdringen. Analog zur Gesamtpartikelanzahl lässt sich die Anzahl einzelner Partikelgrößen für den Fraktionsabscheidegrad einsetzen. [Hin99, S. 186]

$$\eta_E = \frac{\Delta N}{N} = 1 - P \tag{2-2}$$

Schichteffektivität

Makroskopisch kann der Aerosolfilter nach [Bro93] beschrieben werden, indem die Fasermatte als eine Vielzahl dünner Schichten angesehen wird. Jede dieser Schichten der Dicke ds weist die Schichteffektivität η_L auf. Für monodisperse Aerosole, also einem Aerosol mit nur einer Partikelgröße, wächst bei konstanter Strömungsgeschwindigkeit u die Schichteffektivität η_L proportional mit der Schichtdicke ds. Die Schichteffektivität stellt die fraktionelle Abscheidung einer differentiell dünnen Schicht ds dar, in welcher die Partikelanzahl N um den Wert dN verringert wird.

$$dN = -\Delta N = -N\eta_L ds \tag{2-3}$$

Wird die einfache Differentialgleichung (Gl. (2-3)) für eine beliebige Anzahl von Schichten gelöst, ergibt sich die logarithmische Penetrationsfunktion [Bro93, S. 5].

$$\int_{N_{in}}^{N_{out}} \frac{dN}{N} = \int_0^s -\eta_L ds \tag{2-4}$$

$$ln(P) = \int_0^s -\eta_L ds \tag{2-5}$$

$$P(s) = e^{\int -\eta_L ds} \tag{2-6}$$

Die gezeigte logarithmische Penetrationsfunktion zeigt, dass die Durchdringung eines Aerosols durch einen Filter, aufgetragen auf einer logarithmischen Skala über der Filterdicke s, eine Gerade darstellt, deren Steigung direkt von der Schichteffektivität η_L abhängt [Bro93, S. 6].

Einzelfasereffektivität

Bis hierhin wurde das makroskopische Verhalten des Filters beschrieben. Der Filtrationsvorgang an sich lässt sich aufgrund seiner Komplexität aber nur auf der elementarsten Ebene, dem Herausfiltern einzelner Partikel durch eine einzelne Faser, betrachten. Für diese Betrachtung wird die Abscheidung an einer senkrecht angeströmten Faser im Inneren des Filters näher untersucht. Ein Partikel wird als abgeschieden bewertet, sobald es die Faseroberfläche berührt. Klassische Theorien betrachten nur einzelne, isolierte Fasern. Das bedeutet, dass umliegende Fasern die Strömung nicht beeinflussen und Wechselwirkungen zwischen den Fasern vernachlässigt werden. In der Realität beeinflusst die Strömung um eine Einzelfaser jedoch die Strömung benachbarter Fasern. Diese Eigenschaft wird in der moderneren Zelltheorie berücksichtigt, indem der die Faser umgebende Luftraum zusätzlich zur Einzelfaser mit betrachtet wird [Hin99, S. 190]. Die Effizienz, mit der eine Faser Partikel aus einem Aerosol filtert, heißt Einzelfasereffektivität η_s. Eine Definition der Einzelfasereffektivität ist in Abb. 2.5 dargestellt. Im Allgemeinen entfernt eine Faser

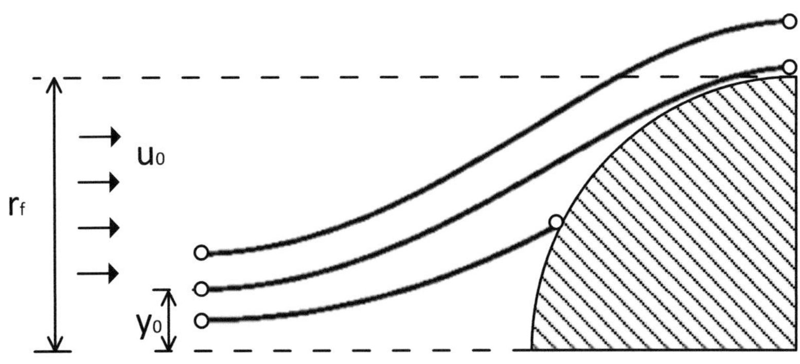

Abb. 2.5: Schematische Darstellung Einzelfasereffektivität

nicht alle die Einzelfaser umströmenden Partikel und die Einzelfasereffektivität ist im Normalfall kleiner als eins, jedoch kann diese unter Umständen auch größer als eins werden. Bei einer gleichförmigen Bewegung der Partikel muss daher eine Grenztrajektorie existieren, bei der das Partikel tangential im Scheitelpunkt die Faser berührt. Alle Partikel, die sich oberhalb dieser Trajektorie bewegen, passieren die Faser ohne abgeschieden zu werden. Definiert ist die Einzelfasereffektivität als Verhältnis des Stoßparameters y_0 zum Faserradius r_f [Bro93, S. 9-11].

$$\eta_\mathrm{s} = \frac{y_0}{r_f} \tag{2-7}$$

Unter den Annahmen, dass alle Fasern innerhalb des Filters den gleichen Durchmesser d_f aufweisen, eine homogene Packungsdichte α vorliegt und einer senkrechten Anströmung der Fasern, kann die Gesamtlänge der Faser im Einheitsvolumen l_{fv} aus der Definition der Packungsdichte α (Gl. (2-1)) abgeleitet werden. Damit ergibt sich der Zusammenhang zwischen der Einzelfasereffektivität und der Schichteffektivität [Hin99, S. 190-191].

$$\eta_L = \eta_s d_f l_{fv} \tag{2-8}$$

$$l_{fv} = \frac{l_f}{V} = \frac{4\alpha}{\pi d_f^2} \tag{2-9}$$

$$\eta_L = \frac{4\alpha}{\pi d_f}\eta_S \tag{2-10}$$

Mit Gl. (2-10) ist ein Zusammenhang zwischen der makroskopischen Betrachtung der Filtereigenschaften zur mikroskopischen Betrachtung der Einzelfasereffektivität hergestellt. Die Herausforderung liegt nun in der Bestimmung der Einzelfasereffektivität η_S.

2.3.1 Strömung innerhalb des Filters

Die Strömung durch einen Filter ist als inkompressibel anzunehmen. Dies beruht auf der Tatsache, dass der Druckverlust, der beim Durchströmen des Filters generiert wird, sehr gering ist [Bro93, S. 30]. Darüber hinaus zeigt eine genauere Untersuchung der im Filter vorherrschenden Reynolds-Zahlen Re_f, dass um eine Faser meist eine laminare Strömung vorliegt [Hin99, S. 190]. Dies führt dazu, dass für kleine Faserdurchmesser d_f und niedrige Geschwindigkeiten u die Trägheitskräfte vernachlässigt werden können.

Dieser Spezialfall wird in den Stokes´schen Strömungen betrachtet [Bro93, S. 30].

$$Re_f = \frac{\rho d_f u}{\eta} \tag{2-11}$$

Stokes'sche Strömung

Stokes´sche Strömungen sind ein Vertreter der stationären Strömungen, d. h. das Strömungsfeld ist konstant über die Zeit. Die Anströmung der Faser ist senkrecht, was wiederum bedeutet, dass sich die Anströmung über die Faserlänge unter Vernachlässigung der Faserenden nicht ändert, so dass von einer zweidimensionalen Strömung ausgegangen werden kann. Diese Strömung lässt sich mit der nur vom Ort abhängigen Stromfunktion ψ beschreiben. Konstante Werte der Stromfunktion ψ werden als Stromlinien bezeichnet und geben das Strömungsfeld in Richtung und Geschwindigkeit wieder. Quer zu den Stromlinien findet kein Fluss statt, alle Geschwindigkeitsvektoren verlaufen tangential entlang der Stromlinie, nah zusammenliegende Stromlinien zeigen schnelle Strömungen, weit auseinanderliegende langsame Strömungen. [Bro93, S. 30]

$$\text{polar:} \qquad u_R = \frac{1}{r}\frac{\partial\psi}{\partial\Theta} \qquad u_\Theta = -\frac{\partial\psi}{\partial r} \tag{2-12}$$

$$\text{kartesisch:} \qquad u_x = \frac{\partial\psi}{\partial y} \qquad u_y = -\frac{\partial\psi}{\partial x} \tag{2-13}$$

Eine weitere Eigenschaft Stokes'scher Strömungen ist, dass sie ihr Strömungsbild nicht ändern, wenn sich die Geschwindigkeit ändert, lediglich die Stromfunktion skaliert mit einem Faktor. Ein negativer Skalierungsfaktor dreht die Strömungsrichtung um. [Bro93, S. 31-32]

Umströmung einer Faser

Die entwickelten Ansätze der Stokes'schen Strömung können für die Beschreibung der Umströmung einer Einzelfaser genutzt werden. Gemäß der Definition der Stokes'schen Strömung ist die Strömungsgeschwindigkeit an der Faseroberfläche stationär.

$$u(r_f, \Theta) = 0 \tag{2-14}$$

Abb. 2.6 zeigt die Umströmung einer einzelnen Faser mit einem Koordinatensystem für eine Strömungsausprägung in positiver x-Richtung.

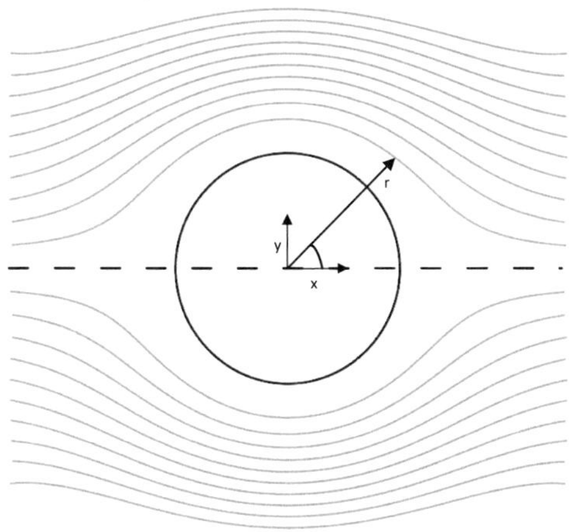

Abb. 2.6: Stromfunktion um eine Faser

Weiterhin zeichnet sich die Umströmung einer einzelnen Faser durch Symmetrien aus. Somit gibt es eine Stromauf- bzw. Stromabwärtssymmetrie senkrecht zur Strömungsrichtung sowie eine Spiegelsymmetrie über den Faserdurchmesser.

$$u_\Theta(r, -\Theta) = -u_\Theta(r, \Theta) \tag{2-15}$$

$$u_\Theta(r, \pi - \Theta) = u_\Theta(r, \Theta) \tag{2-16}$$

Eine einfache Funktion, welche die Symmetriebedingungen erfüllt, ist die Sinusfunktion. Daraus lässt sich folgern, dass die Stromfunktion ψ proportional $sin\Theta$ ist. [Bro93, S. 32-33] Für die Lösung der Stokes-Gleichung werden Randbedingungen benötigt. Diese sind im unendlich großen Luftraum um eine einzelne Faser aus der Fasertheorie nicht vorhanden, so dass die Stokes-Gleichung nicht gelöst werden kann. [Bro93, S. 39]

2.3.2 Zellmodell

In der Realität wird der Luftraum um die einzelne Faser durch die Nachbarfasern beschränkt. Dieser Tatsache wird das Zellmodell gerecht, indem der Luftraum um die einzelne Faser durch eine konzentrische Referenzfläche begrenzt wird. Der Radius r_c der Referenzfläche orientiert sich an der Packungsdichte α und berechnet sich nach Gl. (2-17).

$$r_c = \frac{r_f}{\sqrt{\alpha}} \tag{2-17}$$

Mit dem Zellmodell wird die Lösung der Stokes-Gleichung innerhalb der Zelle möglich. [Bro93, S. 40-42]

2.3.3 Stromfunktion

Die Umströmung einer Faser beschreibt die gelöste Stokes-Gleichung. Lösen lässt sich diese innerhalb des Zellmodells für den Fall, dass auf der Faseroberfläche $Re = 0$ gilt.

$$\nabla^4 \psi = \left(\frac{\partial^2}{\partial r^2} + \frac{1}{r}\frac{\partial}{\partial r} + \frac{1}{r^2}\frac{\partial^2}{\partial \Theta^2} \right)^2 = 0 \tag{2-18}$$

Differentialgleichungen dieser Art haben unendlich viele Lösungen. Jedoch aufgrund der Tatsache, dass bereits Symmetriebedingungen definiert wurden, wird nur die Lösung gesucht, in welcher ψ proportional zu $sin\Theta$ ist. Eine allgemeine Lösung stellt daher Gl. (2-19) dar. [Bro93, S. 39-40]

$$= \left(Ar + \frac{B}{r} + Crln\frac{r}{r_f} + Dr^3 \right) sin\Theta = 0 \tag{2-19}$$

Die Koeffizienten A bis D sind hierbei Unbekannte, die sich durch Randbedingungen ermitteln lassen. Für die Wahl der Randbedingungen haben sich zwei grundlegende Theorien nach KUWABARA und HAPPEL etabliert, welche nach [DL99] die exaktesten Lösungen darstellen.

Randbedingungen

Die ersten beiden Bedingungen sind die einfache Forderung nach der Haftrandbedingung in radialer und tangentialer Richtung der Strömung auf der Faseroberfläche (vgl. Kap. 2.3.1).

Als nächste Randbedingung wird die Geschwindigkeit u am Zellradius der Anströmgeschwindigkeit u_0 gleichgesetzt. Das bedeutet, dass die Geschwindigkeit an der Grenze der Zelle nicht von der Umströmung der Faser beeinflusst wird.

Die vierte Randbedingung unterscheidet sich in den beiden Theorien von Happel und Kuwabara. Happel fordert, dass der tangentiale Spannungstensor an der Zellgrenze Null ist. Was besagt, dass es keine Scherkräfte nach außen gibt und die Zelle unabhängig von ihrer Umgebung ist [Hap59]. Kuwabara fordert hier hingegen eine Wirbelfreiheit innerhalb der Zelle [Kuw59]. Die Lösung der Stokes-Gleichung gelang beiden mit ähnlichen Ansätzen und führt zu folgenden Konstanten für Gl. (2-19). In diesem Kontext soll die Lösung

Tab. 2.1: Konstanten der Stromfunktion für Zellmodelle

Konstante	Kuwabara [Kuw59]	Happel [Hap59]
A	$\frac{-1+\alpha}{2}J$	$\frac{\alpha^2-1}{2(\alpha^2+1)}J$
B	$\frac{r_f^2}{2}\left(1-\frac{\alpha}{2}\right)J$	$\frac{r_f^2}{2(\alpha^2+1)}J$
C	J	J
D	$\frac{-\alpha}{4r_f^2}J$	$\frac{-\alpha^2}{2r_f^2(1+\alpha^2)}J$
J	$u\left(-\frac{1}{2}ln\alpha-\frac{3}{4}+\alpha-\frac{\alpha^2}{4}\right)^{-1}$	$u\left(-\frac{1}{2}ln\alpha-\frac{1}{2}-\frac{\alpha^2}{1+\alpha^2}\right)^{-1}$

nach Kuwabara weiter betrachtet werden. Die Stromfunktion ψ ergibt sich mit dem hydrodynamischen Faktor Ku nach Kuwabara.

$$\psi(r,\Theta)=\frac{u}{2Ku}\left(-1+\alpha+\frac{r_f^2}{r^2}\left(1-\frac{\alpha}{2}\right)+2ln\frac{r}{r_f}-\frac{\alpha}{2}\frac{r^2}{r_f^2}\right)rsin\Theta \tag{2-20}$$

$$Ku=-\frac{1}{2}ln\alpha-\frac{3}{4}+\alpha-\frac{\alpha^2}{4} \tag{2-21}$$

Für kartesische Koordinaten ergibt sich nach der Transformation folgende Gleichung.

$$\psi(x,y) = \frac{u}{2Ku} y \left(-1 + \alpha + \frac{r_f^2}{x^2+y^2} \left(1 - \frac{\alpha}{2}\right) + 2ln \frac{\sqrt{x^2+y^2}}{r_f} - \frac{\alpha}{2} \frac{x^2+y^2}{r_f^2} \right) \tag{2-22}$$

2.3.4 Zusammenfassung der Filtertheorie

Durch die Vernachlässigung der Faserenden kann das dreidimensionale Problem der Umströmung einer Faser zu einem zweidimensionalen Problem vereinfacht werden. Die Vernachlässigung der Trägheitskräfte der Strömung erlaubt es, die Stokes-Gleichung zu vereinfachen und das Strömungsprofil wird achsensymmetrisch. Schließlich erlaubt es das Zellmodell, die Stromfunktion mit den aus der Achsensymmetrie folgenden Randbedingungen zu lösen, so dass eine analytische Funktion für die Beschreibung der Umströmung einer Faser gegeben ist. Die Trennung von Aerosolpartikeln aus einem strömenden Fluid ist bereits seit vielen Jahren gängige Praxis. Die Beschreibung des Zusammenspiels der Mikrostrukturen von Filtermedien und der Funktionalität der aus den Filtermedien aufgebauten Filter ist von großer, praktischer Bedeutung. Für die Erklärung dieser Zusammenhänge existieren in der Literatur vielfältige Ansätze, welche die bei der Trennung von Partikeln aus einem Fluid auftretenden Phänomene analytisch auf verschiedenen Betrachtungsebenen von der Einzelfaser bis zum Gesamtfilter betrachten. Im Folgenden wird zunächst einen Überblick über den aktuellen Stand des Wissens in der Berechnung der für die Abscheidung entscheidenden Mechanismen und abschließend einen Überblick über den Stand des Wissens auf dem Gebiet der numerischen Berechnung von Aerosolfiltern gegeben.

2.4 Abscheidemechanismen

Auf der Ebene der Einzelfaser lässt sich nach Hinds [Hin99, S. 191-192] die Abscheidung von Aerosolpartikeln durch fünf verschiedene Mechanismen erklären. Für die Vorgänge im Partikelfilter sind vor allem folgende drei Mechanismen ausschlaggebend:

- Interzeption
- Impaktion
- Diffusion

Die analytische Beschreibung dieser Mechanismen ist hochkomplex, jedoch wurden vereinfachte Gleichungen entwickelt, welche die Abscheideeffizienz hinreichend genau wiedergeben.

Ist es einem Partikel aufgrund seiner Trägheit möglich, sich genau auf einer Stromlinie zu bewegen, und führt diese Stromlinie so nah an den Fasern vorbei, dass das Partikel die Faser berührt und haften bleibt, wird von Interzeption gesprochen [Hin99, S. 192]. Ist es einem Partikel aufgrund seiner Trägheit nicht möglich, einer schnellen Richtungsänderung der Stromlinie, wie sie im Bereich der Faser auftritt, zu folgen, so dass es die Stromlinie verlässt und mit der Faser kollidiert, wird von Impaktion gesprochen. Das wesentliche Maß für diese Abscheidungsart ist die Stokes-Zahl. [Hin99, S. 193-194] Der Diffusionseffekt dagegen tritt vor allem bei sehr kleinen Partikeln auf. Die Bewegung dieser kleinen Partikel obliegt der Brown'schen Molekularbewegung und führt zu einem stochastischen Schwanken um die Stromlinie. Diese Schwankungen begünstigen eine Partikelkollision mit der Faser. Beschreiben lässt sich der Effekt mit der Péclet-Zahl Pe. [Hin99, S. 194] Im Folgenden werden die genannten Mechanismen weiter vertieft. Die gezeigten Ansätze beruhen auf dem bereits vorgestellten Kuwabara-Zellmodell und gehen von einem sicheren Haften bei Partikelkontakt mit der Faseroberfläche aus.

2.4.1 Interzeption

Bei der Interzeption wird von einem reinen, direkten Einfang der Partikel ausgegangen. Voraussetzung für die Interzeption ist, dass das Partikel nicht durch Trägheitskräfte, externe Kräfte oder die Brown'sche Bewegung in seiner Bewegungsausprägung beeinflusst wird. Ist dies gegeben, folgt der

Partikel einer Stromlinie und wird in dem Fall, dass die Stromlinie näher als die finiten Ausmaße des Partikels an der Faser vorbeilaufen, abgeschieden. Abb. 2.7 verdeutlicht den Mechanismus der Interzeption. [Hin99, S. 192] Für

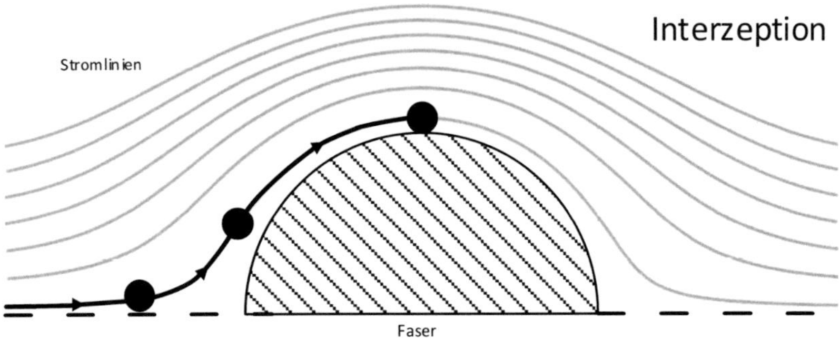

Abb. 2.7: Schematische Darstellung Interzeption

die Beschreibung der Interzeption lässt sich das Kuwabara-Modell heranziehen. Dabei wird das dimensionslose Größenverhältnis R eingeführt, welches den Partikel- mit dem Faserdurchmesser ins Verhältnis setzt. [LL82]

$$R = \frac{d_p}{d_f} \tag{2-23}$$

Die analytische Beschreibung beruht auf einer Stromlinie, welche den Kollisionspunkt mit dem Partikelradius r_p zur Faser im Winkel $\Theta = \frac{\pi}{2}$ durchläuft. Die Effektivität nimmt daher den maximalen Wert $\eta_{n,max} = 1 + R$ an und kann diesen nicht überschreiten. Aus der Definition der Einzelfasereffektivität, Gl. (2-7), folgt die Gleichung für die Effektivität des direkten Einfangs.

$$\eta_{\mathrm{R}} = \frac{\psi(r_f + r_{p,\frac{\pi}{2}})}{u\, r_f} \tag{2-24}$$

Eingesetzt in die Stromfunktion ergibt sich folgende Gleichung. [LL82]

$$\eta_R = \frac{1+R}{2Ku}\left(\alpha - 1 + 2ln(1+R) + \frac{1-\frac{\alpha}{2}}{(1+R)^2} - \frac{\alpha}{2}(1+R)^2\right) \tag{2-25}$$

Mit dieser Gleichung ist eine exakte Gleichung für den direkten Partikeleinfang gegeben. In der Literatur wird diese Gleichung mit Hilfe weiterer Annahmen vereinfacht ($R \to 0, \alpha \to 0$) [LL82, LG80]. Dies führt zu weiteren, vereinfachten Darstellungen.

2.4.2 Impaktion

Jede Annäherung, Entfernung oder Krümmung der einzelnen Strömungslinien bedingt eine Beschleunigung des Fluids. Diesen Änderungen können bestimmte Partikel nicht folgen. Entscheidend hierfür ist die Massenträgheit der Partikel. Partikel mit geringerer Massenträgheit ist es wahrscheinlicher möglich, den Strömungslinien zu folgen als Partikel mit höherer Massenträgheit. Das Partikel mit hoher Massenträgheit driftet von den Strömungslinien ab und kollidiert mit der Faser (vgl. Abb. 2.8). Nach Brown [Bro93] wird

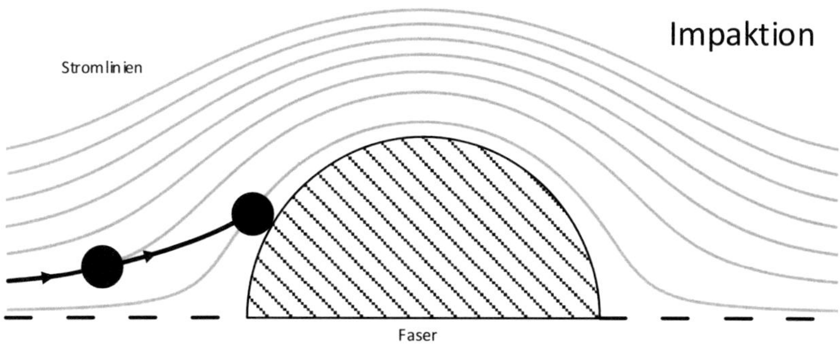

Abb. 2.8: Schematische Darstellung Impaktion

das Verhalten eines Partikel mit einer finiten Masse über die Stokes-Zahl St beschrieben. Für kugelförmige Partikel in einem stationären Fluid unter dem Einfluss der Stokes'schen Widerstandskraft gilt:

$$m_p \frac{du}{dt} = -3\pi\eta d_p u \tag{2-26}$$

Die Lösung dieser einfachen Bewegungsgleichung liefert die charakteristische Partikelrelaxionszeit τ_r, in welcher die Geschwindigkeit u um den

Faktor e abfällt. Die entsprechende Strecke $d_r = u\tau_r$ im Verhältnis zum Faserdurchmesser d_f ergibt die dimensionslose Stokes-Zahl St. [Bro93, S. 81]

$$\tau_r = \frac{d_p^2 \rho_p}{18\eta} \tag{2-27}$$

$$St = \frac{u}{d_f}\tau_r = \frac{u}{d_f}\frac{\rho_p d_p^2}{18\eta} \tag{2-28}$$

Mit der Stokes-Zahl St lässt sich die Eigenschaft eines Partikels charakterisieren, den Änderungen der Strömungslinien zu folgen. Werte von $St < 1$ bedeuten, dass das Partikel der Strömung schneller folgen kann als diese sich ändert und sich so auf den Stromlinien bewegt. Dementsprechend kann bei $St > 1$ das Partikel den Strömungslinien nicht mehr folgen, da seine Trägheit zu hoch ist, und das Partikel verlässt die Strömungslinie.

In der Praxis ist eine Betrachtung der Impaktion ohne Betrachtung der Interzeption nicht möglich. Die Untersuchung der Bewegung von Partikeln auf Stromlinien ist notwendig, um Rückschlüsse auf den Trägheitseinfang ziehen zu können. Nach [Bro93, S. 83-84] berechnet sich die Effektivität der Impaktion η_I für $0,01 \leq R \leq 0,4$ und $0,0035 \leq \alpha \leq 0,111$ nach Gl. (2-29). Hierbei wird von kleinen Stokes-Zahlen ausgegangen und die Gleichung basiert auf dem Kuwabara-Modell [Hin99, S. 194].

$$\eta_I = \frac{St}{4Ku^2}\left((29,6 - 28\alpha^{0,62})R^2 - 27,5R^{2,8}\right) \tag{2-29}$$

Ist die Stokes-Zahl groß, ist die Partikeltrajektorie annähernd eine Gerade und die Partikelgeschwindigkeit liegt nahe der Eingangsgeschwindigkeit. Hier berechnet sich die Effektivität nach Gl. (2-30), wobei die Konstante $\mu(\alpha)$ vom Strömungsfeld abhängt. In einer Kuwabara-Zelle mit einem $\alpha = 0,05$ ist $\mu(0,05) = 0,805$. [Bro93, S. 84]

$$\eta_I = 1 - \frac{\mu(\alpha)}{St} \tag{2-30}$$

Für kleine Stokes-Zahlen steigt die Effektivität der Impaktion η_I langsam mit steigender Stokes-Zahl und verläuft letztendlich gegen eins für große

Stokes-Zahlen. Zwischen diesen beiden Extremen muss ein Bereich mit hoher Steigung für die mittleren Stokes-Zahlen liegen. Gl. (2-29) gilt nur in einem beschränktem Bereich und hat keine asymptotischen Eigenschaften. Verschiedene Autoren widmen sich daher der Fragestellung, empirische Ansätze zu ermitteln, welche den Trägheitseinfang in Abhängigkeit der Packungsdichte α und der Faser-Reynolds-Zahl Re_f vorhersagen. [Bro93, S. 84-85]

Landahl und Herrmann [LH49] zeigen einen einfachen Ansatz für die Berechnung der Effektivität auf Basis einer Potenzfunktion für den dimensionslosen Parameter St (vgl. Gl. (2-31)). Diese Gleichung stellt die Basis für weitere Anpassungsfunktionen dar ([Muh76, Hil81, Leh05, SUL94, Rem01, SL74]).

$$\eta_I = \frac{St^3}{St^3 + 0,77St^2 + 0,22} \tag{2-31}$$

2.4.3 Diffusion

Die Interzeption und Impaktion sind Effektivitäten, welche insbesondere für Partikel mit einer gewissen Trägheit maßgeblich sind. Mit steigender Trägheit werden beide Mechanismen größer. Kleine Partikel unterliegen einem diffusiven Bewegungsregime, welches die Effizienz eines anderen Mechanismus wichtiger werden lässt. Die thermische Energie eines Gases ist über die Gasmoleküle gleichverteilt. Jeder Freiheitsgrad weist die Energie $\frac{1}{2}k_BT$ auf, wobei k_B die Boltzmann-Konstante und T die absolute Temperatur ist [AM62]. Alle Schwebeteilchen in einem Gas gehen in das thermische Gleichgewicht über und teilen die thermische Energie. Der ständige Energieaustausch zwischen Partikeln und Gasmolekülen führt zu einer Brown'schen Bewegung der Partikel. [Bro93, S. 93-94] Die Bewegungsform der Partikel ist in Abb. 2.9 dargestellt. Die Diffusion hat eine stochastisch verteilte Bewegung der Partikel zur Folge, deren Richtung in jeder Raumrichtung gleichverteilt ist. Nach Einstein [Ein05] lässt sich die Neigung eines Partikels zur Diffusion über den Diffusionskoeffizienten D quantifizieren. Für den Diffusionskoeffizienten D wird die Stokes'sche Widerstandskraft für sphärische Körper mit Hilfe des Cunningham-Faktors Cu korrigiert. Die Einstein-Gleichung führt zur mittleren quadratischen Verschiebung σ^2 der Partikel nach der Zeit t in

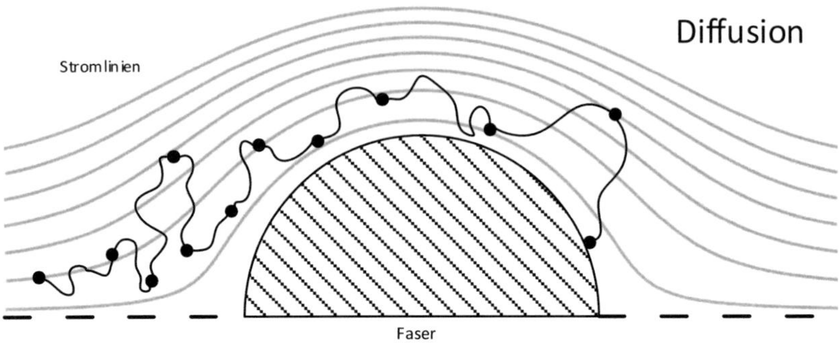

Abb. 2.9: Schematische Darstellung Diffusion

N_{dim} Raumrichtungen. [Hin99, S. 150-153]

$$D = \frac{Cu}{3\pi\eta d_p} k_B T \tag{2-32}$$

$$\sigma^2 = 2DN_{dim}t \tag{2-33}$$

Wichtige Annahme für die Stokes'schen Gesetze ist, dass die relative Geschwindigkeit an der Partikeloberfläche Null ist. Diese Annahme wird nicht von sehr kleinen Partikeln erfüllt, dessen Größenordnung nahe der freien Weglänge des Gases liegt. Für Standardbedingungen ist dies bei Partikeln $d_p < 1\,\mu m$ der Fall. Die Knudsen-Zahl Kn definiert das Verhältnis der mittleren freien Weglänge m_{fp} zum Radius r des Partikels.

$$Kn = \frac{m_{fp}}{r_p} \tag{2-34}$$

Im Gegensatz zum Widerstandsmodell bewegen sich kleinere Partikel schneller als vorhergesagt. Grund hierfür ist ein Geschwindigkeitsschlupf an der Partikeloberfläche, welcher durch eine Korrektur der Stokes'schen Widerstandskraft durch den Cunningham-Faktor Cu berücksichtigt wird. [Hin99, S. 48-50]

$$Cu = 1 + Kn(A + B\, e^{\left(\frac{-C}{Kn}\right)}) \tag{2-35}$$

Die Konstanten A, B und C wurden von Allen und Raabe [AR85] in einem modifizierten Milikan-Versuch, für Luft bei Standardkonditionen von 23 °C und einer mittleren freien Weglänge von $m_{fp} = 67,3 \times 10^{-9}\, m$ für alle Partikelgrößen, experimentell ermittelt:

$$A = 1,142 \qquad B = 0,558 \qquad C = 0,999 \tag{2-36}$$

Die Fähigkeit einer Faser, Partikel durch Diffusion abzuscheiden, ist abhängig von der Diffusionsbewegung und lässt sich durch die dimensionslose Péclet-Zahl Pe beschreiben. [Bro93, S. 94-96]

$$Pe = \frac{2\, u\, r_f}{D} \tag{2-37}$$

Die Effizienz für den Diffusionsmechanismus η_D wird aus der Fokker-Planck-Gleichung abgeleitet, welche stationäre Bedingungen zur Vereinfachung verwendet. [Bro93, S. 98-99] nach [SF66]

$$\eta_D = 2,9 Ku^{-\frac{1}{3}} Pe^{-\frac{2}{3}} + 0,62 Pe^{-1} \tag{2-38}$$

Wie für die Impaktion existieren für die Diffusion mehrere Gleichungen mit unterschiedlichen Koeffizienten. Zum Beispiel berücksichtigen andere Gleichungen den aerodynamischen Schlupf im Bereich der mittleren freien Weglänge. [Bro93, S. 100-101] nach [Pic65]

$$\eta_D = 2,27 Ku^{-\frac{1}{3}} Pe^{-\frac{2}{3}} \left(1 + 0,62 Kn \left(\frac{Pe}{Ku}\right)^{\frac{1}{3}}\right) \tag{2-39}$$

2.4.4 Kombinierte Mechanismen

Nach Brown [Bro93] ist es eine einfache Vorgehensweise zur Validierung theoretischer Annahmen, die Parameter solange zu variieren, bis ein Mechanismus alleine wirkt. In der Realität wirken die Mechanismen jedoch zusammen, was eine genaue Beschreibung der Filtration komplex gestaltet, da die zur Beschreibung der jeweiligen Mechanismen notwendigen Approximationen andere Mechanismen ausschließt. Ein einfacher, allgemeiner Ansatz für die theoretische Bestimmung der Gesamteffektivität eines Prozesses im Trägheits- und Diffusionsbereich ist, dass die Mechanismen unabhängig voneinander wirken. Diese Annahme macht die Superposition der Mechanismen möglich. [Kop14, S. 9]

$$\eta_s = \eta_R + \eta_D + \eta_I \tag{2-40}$$

In der Literatur werden noch weitere Kombinationsgleichungen für die Berücksichtigung der Überlagerung der einzelnen Mechanismen angegeben. In Brown [Bro93] und Löffler [Loe88] ist eine Formel für die Kombination der Mechanismen Diffusion und Interzeption gegeben (vgl. Gl. (2-41)).

$$\eta_s = \eta_R + \eta_D + \eta_I + \eta_{DR} \tag{2-41}$$

$$\eta_{DR} = \frac{1}{Ku\, r_f^2}\left(\frac{3D\, Ku\, r_f^2\, \pi}{2u_0} + r_p^3\right)^{\frac{2}{3}} = \frac{1}{Ku}\left(\frac{3Ku\,\pi}{Pe} + R^3\right)^{\frac{2}{3}} \tag{2-42}$$

2.5 Filtrationskinetik

Die beschriebenen Mechanismen geben nur die Effektivität eines unbeladenen Filtermediums wieder. Im Betrieb des Filters stellt dieser Zustand aber nur den Anfangszustand der Filtration dar und ist höchstens für die Auslegung des Filters als Worst-Case-Betrachtung interessant. Partikel, die über die Filtrationszeit an der Faser abgelagert werden, formen Agglomerate, werden Teil der Filterstruktur und verändern die Charakteristik des Filters. Die Eigenschaft der Formung von Agglomeraten aus Partikeln, welche in Größe, Form und Anzahl veränderlich in Ort und Zeit sind, macht es unmöglich, den Einfluss der Ablagerungen auf die Effektivität und den Gegendruck des Filters genau vorher zu sagen.

An dieser Stelle teilt sich die Beschreibung der Änderung der Filtereigenschaften in zwei Betrachtungsweisen. Eine Betrachtungsweise widmet sich vor allem der mikroskopischen Ebene und löst einzelne Partikel numerisch auf. Dem gegenüber steht die makroskopische Beschreibungsweise, welche den kompletten Filter mit seinen apparatetechnischen Randbedingungen beschreibt. Aktuelle Entwicklungen sowie der Stand der Technik beider Betrachungsweisen werden an dieser Stelle wiedergegeben.

2.5.1 Beladung in der mikroskopischen Ebene

Im Folgenden sollen in diesem Kapitel Arbeiten betrachtet werden, welche sich mit einzelnen, numerisch aufgelösten Partikeln beschäftigen. Historisch entwickelten sich zwei Ansätze, die die Änderung des Filtrationsverhaltens (Filtrationskinetik) auf mikroskopischer Ebene wiedergeben. Bei diesen Ansätzen handelt es sich um das Faserwachstumsmodell sowie das Dendritenmodell.

Das Denritenmodell basiert auf der Annahme, dass Staubpartikel sich als Dendriten an die Faseroberfläche anlagern. Diese Ablagerungen formen „neue Fasern", an denen sich wiederum Partikel anlagern. Dem Prozess der Dendritenbildung widmen sich mehrere Autoren seit Ende der 1970er Jahre. Maßgeblich sind hier die Arbeiten von Payatakes und Kanaoka zu nennen.

Payatakes und Tien [PT76] waren die ersten, die in einem theoretischen Modell, basierend auf dem Kuwabara Modell [Kuw59], den dendritischen Aufbau von Ablagerungen beschreiben. Vereinfachend gehen die beiden Autoren davon aus, dass die Dendriten keine Auswirkungen auf das Strömungsfeld haben. Des Weiteren wird davon ausgegangen, dass die Dendriten stabil sind und die Form der Ablagerungen sich idealisieren lässt. Berechnet wird ausschließlich der Mechanismus der Interzeption.

Payatakes und Gradon [Pay77, PG80b, PG80a] erweitern später diesen deterministischen Ansatz um die Effekte der Trägheit sowie der Diffusion. Tien et al. [TWB77, WBT77] hingegen verfolgen einen stochastischen Ansatz, indem die Partikeltrajektorien von verschiedenen Positionen ausgehend berechnet werden. Den Modellen beider Autoren und den darauf aufbauenden Arbeiten [BWT81, PT82, TWT82, RT88, JT93] ist gemein, dass eine Rückwirkung der Ablagerungen auf die Filtration keine Berücksichtigung findet.

Kanaoka et al. [KEM80] berechnen den Trägheitseinfang an einer dreidimensionalen Faser ebenfalls auf Basis des Kuwabara-Modells mit einem

Monte-Carlo-Ansatz [Kuw59]. Ziel ist es, die Verbesserung der Einzelfasereffektivität als Funktion der abgeschiedenen Masse darzustellen. Die Rückwirkung der Ablagerungen auf das Strömungsfeld wird jedoch wie bei Payatakes und Tien vernachlässigt. Mit einer Vielzahl von Berechnungen unterschiedlicher Randbedingungen zeigt Kanaoka einen linearen Zusammenhang zwischen dem beladungsabhängigen Wirkungsgrad und der Faserbeladung. Die Steigung dieser linearen Gleichung wird als „collection efficiency raising factor" definiert. Später finden noch die Diffusion [KET83] und elektrostatische Kräfte [KHT01] Anwendung.

Die Lattice-Boltzmann-Methode ermöglicht die strömungsmechanische Berücksichtigung der Einflüsse bereits abgeschiedener Partikel auf die Strömung. Erste Berechnungen zu diesem Thema kommen von Filippova und Hänel [FH96, FH97]. Die beiden Autoren berechnen mit Hilfe der Lattice-Boltzmann-Methode ein $3D$ Modell aus einem Faserkreuz und einer dahinterliegenden Faser. Es wird gezeigt, dass im Gegensatz zum linearen Anstieg der Filtrationseffektivität mit steigender Beladung bei Kanaoka, sich bei der Berücksichtigung der Ablagerung auf die Strömung nur geringe Änderungen im Abscheidegrad ergeben. Dies zeigt deutlich, dass die Anpassung des Strömungsfeldes einen wesentlichen Einfluss auf die Genauigkeit der Simulationsergebnisse hat.

Lehmann und Kasper [LK02] simulieren die Beladung einer Einzelfaser mit dem kommerziellen Finite-Volumen Programm FLUENT. Mittels selbst geschriebener Unterroutinen werden hier die abgeschiedenen Partikel durch eine lokale Überhöhung der Viskosität des Fluids berücksichtigt. Seinen Ansatz validiert Lehmann später in [Leh05] anhand von Vergleichsrechnungen geometrisch aufgelöster Kugelanordnungen. Die Methode wird daraufhin von Hosseini und Tafreshi angewendet, um zunächst senkrecht angeströmte Fasern [HV12] und danach eine Wirrfaserstruktur [SHVP13] zu berechnen. Die stark gestiegene Rechnerleistung ermöglichte es den Autoren, auch den Bereich des Diffusionseffektes zu betrachten. Auch Hoferer [Hof11] beschäftigt sich mit der Problemstellung, die Wirrfaserstruktur eines Filters in einem $3D$ Modell aufzulösen. Kernziel der Arbeit ist es, empirische, einzelfaserbasierte Modellansätze zur Beschreibung der Filtrationskinetik von Tiefenfiltern anhand von Messungen mit Hilfe tomographischer Messverfahren zu bewerten. Aktuell zeigen Rastegar et al. [RAB17a, RAB17b] Berechnungen der Einzelfasereffektivität einzelner Partikelgrößen in wässrigen Lösungen bei verschiedenen Anströmgeschwindigkeiten mit Hilfe des Programms FLUENT.

Einen Ansatz zur Modellierung und Berechnung von Wirrfaserstrukturen zeigen Latz und Wiegmann [LW03]. In ihren Arbeiten werden zum ersten Mal nicht nur idealisierte Fasern berechnet, sondern ebenfalls Ausschnitte aus Filterstrukturen. Zusammengefasst sind die Ergebnisse in dem kommerziellen Programm GeoDict, in dem der von den Autoren entwickelte Strukturgenerator mit einem Lattice-Boltzmann-Strömungslöser gekoppelt ist. Das auf diese Weise erhaltene Strömungsfeld wird mit dem Lagrange-Ansatz um die Partikeltrajektorien erweitert. Aufbauend auf diesen Arbeiten wird der Ansatz bis zur Simulation der Rußabscheidung [SRW09, CRW+12] sowie Modellen, welche die skalenübergreifende Simulation der Filtration ermöglichen [LIW08, WRLI09, Wie12], weiterentwickelt.

Im Gegensatz zum bisher betrachteten Dendritenmodell geht das Faserwachstumsmodell von der Überlegung aus, dass sich der Faserradius als Funktion des angelagerten Partikelvolumens geometrisch ändert. Eine frühe Arbeit zu diesem Thema stammt von Juda und Chrosciel [JC70], deren grundlegende Vorgehensweise von Konstandopoulos [Kon91] weitergeführt wird. In den Simulationen von Konstandopoulos [Kon91, KKR98, KKS+00, KKKV05] werden die Partikelstrukturen nicht aus einzelnen Partikeln aufgebaut, sondern sie werden durch umhüllende Flächen angenähert, so dass die ursprüngliche Faser durch angelagerte „Schalen“ erweitert wird. Modernere Arbeiten, beispielsweise [Deu09, Kop14], benutzen ebenfalls ein Faserwachstumsmodell nach [KKKV05]. Wie in Abb. 2.10 dargestellt, wird beim Faserwachstumsmodell von einem Kuwabara-Zellmodell mit dem Radius r_c und dem Faserradius r_f ausgegangen. Durch die Beladung des Filters wächst der Radius der Fasern, bis eine komplette Beladung der Zelle erreicht ist. Der Faserdurchmesser lässt sich als Funktion der Porosität der abgelagerten Strukturen darstellen. [Opr97]

Auch das in dieser Arbeit benutzte Modell basiert auf diesem Ansatz.

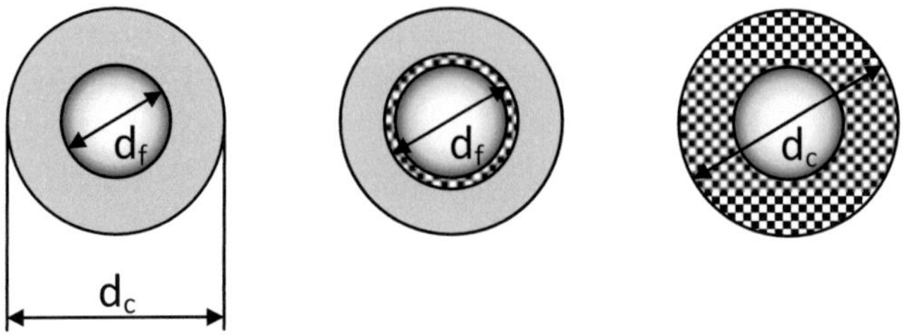

Abb. 2.10: Faserwachstumsmodell nach Konstandopolous [KKKV05]

2.5.2 Beladung in der makroskopischen Ebene

Die im vorigen Abschnitt dargestellten Untersuchungen betrachteten ausschließlich die Vorgänge im mikroskopischen Bereich der Umströmung einzelner Partikel um eine Faser. Mit der rapiden Entwicklung der Rechentechnik der letzten Jahrzehnte ist es möglich, immer mehr Mechanismen und immer größere Bereiche zu betrachten. Jedoch sind diese Bereiche weiterhin noch lokal stark begrenzt. Die Auslegung eines Gesamtfilters erfordert aber eine makroskopische Berechnung des Gesamtsystems, was nur mit der Verwendung makroskopischer Modelle möglich ist. Grundlegend für diese Art der Herangehensweise zur Beschreibung der Filtration ist es, den Filter mit seinen apparatetechnischen Randbedingungen zu beschreiben.

Viele makroskopische Arbeiten behandeln vor allem die Durchströmung der Filter mit dem Ziel, die Filter optimal anzuströmen und den sich über den Filter einstellenden Druckverlust darzustellen, ohne das Primärziel der Beschreibung der Filtration an sich zu betrachten. Hierbei werden im Allgemeinen auf die aus dem Konstruktionsprozess verfügbaren CAD Daten der Filter zurückgegriffen und in wirtschaftlich vertretbarer Zeit Rechenmodelle erstellt. Die Beschreibung des Filters basiert für solche Berechnungen in der Beschreibung des reibungs- und trägheitsinduzierten, geschwindigkeitsabhängigen Druckverlusts, welcher sich bei der Durchströmung des Filters einstellt. Schon im unbeladenen Zustand haben die geometrischen Größen des Filters, wie Dicke der Filtervliesschicht, Form der Falten etc. Einfluss auf den Druckverlust. Eine wichtige Arbeit zu diesem Thema liefert Chen et al. [CPL95]. Es wird ein zweidimensionales Finite-Elemente Modell vorgestellt, welches es ermöglicht, den Druckverlust in Abhängigkeit der Tiefe und der Breite einer Filterfalte zu berechnen. Ziel der Arbeit ist es, ein Optimum in der Größe und Anzahl der Filterfalten zu finden. Später werden die Ergebnisse durch Lücke und Fissan [LF96], die ein Modell zur Druckverlustberechnung auf Basis der Faltenform entwickelten, bestätigt. Viele weitere Arbeiten beschäftigen sich mit dem Thema der Strömungsoptimierung und der Bestimmung des Druckverlusts und sind heute Standard in der Industrie [CS02, TS03, SBL03, HM05].

Deuschle [Deu09] greift in seiner Arbeit eine von Janoske [JPBS00] veröffentliche Arbeit auf, in der als Simulationsmodell ein Halbkanal-Modell eines geschlossenen, keramischen Partikelfilters berechnet wird. Die spezielle Auslegung geschlossener, keramischer Partikelfilter mit ihren wechselseitig verschlossenen Kanälen erlaubt es, unter Ausnutzung der Symmetrie der Kanäle eine für die zielführende Simulation der dynamischen Bedingungen des Filters notwendige Modellvereinfachung vorzunehmen. In dem von Deuschle verwendeten Ansatz wird die Deckschichtbildung über eine Bestimmung der Auftrefforte der Partikeltrajektorien berechnet. Die Widerstandsbeiwerte der entstehenden Deckschicht folgen aus der Carman-Kozeny-Gleichung, welche die lokale Partikelgrößenverteilung berücksichtigt. Deuschle wendet die Methodik nun auf einen keramischen Wall-Flow-Filter an und erweitert das Modell um die Regeneration und Ascheeinlagerung. Die Beschreibung der Filtration folgt aus Konstandopoulos [KKS+00], welches die Deckschichtbildung, Tiefenfiltration sowie Partikelgrößenverteilungen berücksichtigt.

Der numerischen Effizienz widmen sich Rebai et al. [RPM+10]. Die Autoren haben das Ziel, die Verstopfung einer Filterfalte zu berechnen. Sie kombinieren ein semianalytisches Modell gemittelter Navier-Stokes-Gleichungen zur Strömungsfeldberechnung mit einem empirischen Modell zur Berechnung der Verstopfung einer senkrecht angeströmten Filterebene.

Das Problem, das filternde Medium, die Filtervliesschicht, in einem numerischen $3D$ Modell darzustellen, versucht Rieger [Rie11] mit Hilfe der Immersed-Boundary-Methode zu lösen. Die Methode taucht die Berandung virtuell in ein regelmäßiges Grundgitter und markiert die Zellen innerhalb der festen Phase.

Zusammenfassend zeigen die vielen Veröffentlichungen verschiedenster Forschergruppen, dass das Thema der Trennung von Gas-Feststoff-Gemischen durch die Filtration ein wichtiger Teil der Filterentwicklung ist. Anfangs sind Modelle, basierend auf analytischen Formeln und Experimenten, die einzigen Möglichkeiten, die Filtrationseffektivität eines Filters zu beschreiben.

Grundsätzlich gibt es bis heute die zwei dargelegten inhaltlichen Ausrichtungen in den vorgestellten Literaturstellen. So betrachten ein Teil der Autoren nur die Vorgänge auf mikroskopischer Ebene und beschreiben die Partikelkabscheidung auf einzelnen Fasern bis zu dem Punkt, bei dem sich die ablagernden Strukturen an den Fasern berechnen lassen. Der andere Teil der Autoren betrachtet die Filtermedien als Ganzes und berechnet das Abscheide- und Beladungsverhalten verschiedenster Filterfalten. Viele der vorgestellten Arbeiten betrachten ausschließlich die Anfangseffektivität unbeladener Einzelfasern und den Druckverlust, der sich im unbeladenen Zustand einstellt. Arbeiten, die zusätzlich die Beladung betrachten, vernachlässigen meist die Rückwirkungen der abgelagerten Partikel auf die Ausprägung des Strömungsfeldes. Die wenigsten Arbeiten berücksichtigen einen Aufbau der Partikelablagerungen bis ins Detail, da hier die heute verfügbare Rechentechnik Grenzen setzt. Arbeiten, die sich mit dem Gesamtsystem Filter beschäftigen, beschreiben die Partikelablagerungen, in dem der Faserdurchmesser dem steigenden Beladungszustand angepasst wird.

Kapitel 3

Aufgabenpräzisierung

Wie bereits beschrieben, stellen die strömungsmechanischen Effekte, die zu einer Partikelabscheidung innerhalb der Filterstrukturen führen, Einzelprozesse dar, welche in unterschiedlichen Größenskalen ablaufen. So sind Nanopartikel, wie sie in verbrennungsmotorischen Abgasen enthalten sind, zum Beispiel definiert als Partikel mit einem Durchmesser kleiner $50\,nm$ (vgl. [Kit98]). Das Filtervlies wiederum besteht aus Fasern, deren Durchmesser im μm-Bereich liegt.

Jede Ebene erfordert das Lösen des Strömungsfeldes sowie die Berechnung des Partikeltransports. Die notwendige Beschreibung des Strömungsfeldes ist rechentechnisch nur mit einer Diskretisierung des Rechenraums möglich. Der Umstand, dass die einzelnen Funktionsebenen in unterschiedlichen Größenskalen liegen, verdeutlicht die Komplexität der Berechnung der Mechanismen der Partikelabscheidung in einem Aerosolfilter. So ist es nicht möglich, die Auflösung der Diskretisierung eines Rechenraums, welcher ein Gebiet von einigen cm^3 umfasst, bis in den Nanometerraum rechentechnisch darzustellen. Dies ist aber notwendig, um die Bewegung der Feinstpartikel um die einzelnen Fasern innerhalb des Filtervlieses abzubilden.

Bereits die Diskretisierung eines Rechenraums von $1\,cm^3$ erfordert $1e^{12}$ Berechnungszellen, um eine Auflösung von $1\,\mu m^3$ zu erreichen, welche einzelne Fasern des Filtervlieses abbilden kann, jedoch nicht die Bewegung der Feinstpartikel. Diese hohen Anforderungen an eine Diskretisierung verdeutlichen, dass eine wirtschaftliche Berechnung des Gesamtmodells nur mit Ersatzmodellen möglich ist.

Eine numerische Beschreibung der Problematik erfordert daher eine Einteilung des Gesamtprozesses in mehrere Teilprobleme, welche zunächst einzeln den stationären und transienten Fall beschreiben sowie abschließend die einzelnen Ergebnisse zu einer Gesamtsimulation zusammenfassen. Diese Unterteilung erfolgt in vier unterschiedliche Funktionsebenen, in denen die Strömungsvorgänge sowie die Partikelabscheidung beschrieben werden (vgl. Abb. 3.1). Die Definition der vier Funktionsebenen beginnt mit der untersten Ebene der Abscheidung einzelner Partikel an einzelnen Fasern und endet mit der Berechnung der zeitlich abhängigen Beladung sowie der Auswirkung der Beladung auf die Ausprägung des Strömungsfeldes innerhalb des Gesamtfilters.

Die einzelnen Funktionsebenen sind:

- Ebene 1 (nm-Skala): Beschreibung der Umströmung einzelner Fasern sowie die Beschreibung der Abscheidung von Nanopartikeln durch einzelne Fasern
- Ebene 2 (mm-Skala): Durchströmung der Filtervliesschicht als poröses Medium
- Ebene 3 (cm-Skala): Simulation des Gesamtfiltersystems, welches aus mehreren Filterzellen samt Ein- und Auslaufstrecken besteht
- Ebene 4 (t-Skala): Die Ergebnisse der Gesamtfiltersimulation werden zu Berechnungen der zeitlich abhängigen Beladung genutzt

Die unterste Betrachtungsebene wird in Kap. 4 gezeigt. In diesem Kapitel werden die in Kap. 2.3 aufgeführten Zusammenhänge zwischen der Einzelfasereffektivität η_S und dem Filterwirkungsgrad η_E aufgenommen und weiterverwendet. Die Größe η_S beschreibt Prozesse, die in der nm-Skala (Ebene 1) stattfinden und wird zunächst mit der Relation eingefangener und

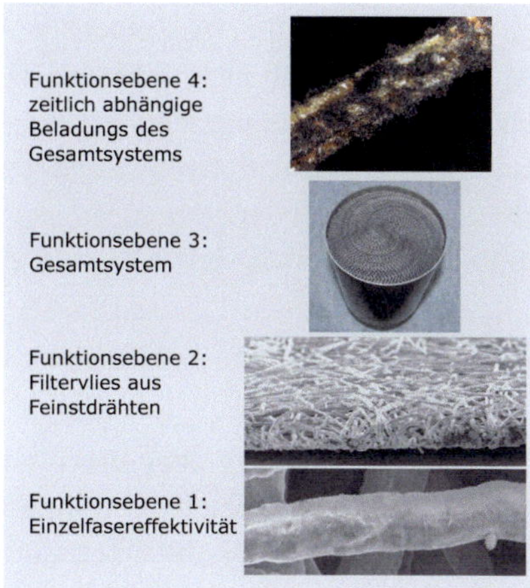

Abb. 3.1: Darstellung der skalenübergreifenden Funktionsebenen des offenen Partikelfilters

gestarteter Partikel berechnet. In dieser Berechnung werden die Effekte, wie sie für die Bewegung von Nanopartikeln typisch sind, wie zum Beispiel der Trägheit, der Stokes´schen Reibung oder dem Einfluss der Brown´schen Bewegung bei sehr kleinen Partikeln, berücksichtigt. Die Berechnungen erfolgen in diesem Falle in einer eigens entwickelten CUDA-Routine für die $2D$ Umströmung einer Einzelfaser samt dem umgebenden Luftraum nach dem Modell von Kuwabara ([Kuw59]) für verschiedene Partikeldurchmesser und Anströmgeschwindigkeiten. Die Berechnung an sich erfolgt durch das Lösen des Geschwindigkeitsfelds aus der Stromfunktion (vgl. Gl. 2-22). Das Ergebnis dieser Berechnungen ist die so genannte Einzelfasereffektivitätsdatenbank, welche die Effektivität der Partikelabscheidung in Abhängigkeit des Partikeldurchmessers und der Partikelgeschwindigkeit für einen definierten Faserdurchmesser und eine definierte Packungsdichte des Filtervlieses angibt und damit die Schnittstelle von der untersten in die makroskopische Betrachtungsebene darstellt.

Kap. 5 stellt den Übergang in die nächste Betrachtungsebene dar. Dieses Kapitel behandelt zunächst die Zusammenfassung aller Einzelfasern, welche das Vlies ergeben, das wiederum die Filtervliesschicht des Partikelfilters bildet (Ebene 2). Der Umstand, dass das Filtervlies aufgrund der unterschiedlichen Größenskala der Einzelfasern und des finalen Simulationsmodells nicht für die Gesamtsimulation aufgelöst bzw. diskretisiert werden kann, macht es erforderlich, das Filtervlies mit dem Ersatzmodell des porösen Mediums zu modellieren. Ein solches poröses Medium wird mit Hilfe von Widerstandskoeffizienten modelliert, welche einen Hemmterm nach dem Gesetz von Forchheimer ([For05]) in der Simulation beschreiben, der der Impulsgleichung hinzugefügt wird.

Neben der Modellierung des Vlieses wird ebenfalls der Übergang in die makroskopische Betrachtungsebene (Ebene 3) vollzogen. In dieser Ebene komplettieren die konstruktive Erstellung der Simulationsgeometrien sowie das Zusammenstellen der Eingangsparameter der Simulation die Definition des Rechenraums. Über die Möglichkeiten kommerzieller Strömungslöser hinaus wird in diesem Kapitel ebenfalls die selbst erstellte User Defined Function (UDF) vorgestellt, mit der es möglich ist, den Gesamtwirkungsgrad eines Filters stationär sowie transient zu berechnen.

Die makroskopische Berechnung der Filtration (Ebene 3) ist in Kap. 6 dargestellt. In diesem Kapitel werden die Simulationsmodelle aus Kap. 5 in kommerziellen Strömungslösern berechnet, welche den Gesamtfilter repräsentieren. Das berechnete Strömungsfeld innerhalb der Strukturen der Filtermodelle wird anhand zweier verschiedener Messmethoden plausibilisiert. Zum einen werden die Modelle durch den Vergleich des jeweiligen, generierten Druckverlusts bei definierter Anströmgeschwindigkeit mit den Werten entsprechender, realer Modelle verglichen und zum anderen wird ein vergrößertes Experimentmodell gefertigt, welches es erlaubt innerhalb der Filterstrukturen das Strömungsfeld mittels Particle Image Velocimetry vermessen. Das gemessene Strömungsfeld wiederum ermöglicht den direkten Vergleich zwischen Ergebnissen der Simulation und des Experiments.

Anschließend werden die Filtereffektivitäten berechnet, indem die in den ersten beiden Ebenen erzielten Resultate unter Zuhilfenahme der User Defined Function (UDF) in die Berechnung eingehen. Mit der Lösung des Strömungsfeldes und der Berechnung der partikelbeladenen Strömung ist es mit der UDF möglich, durch die Integration des Einzelfaserabscheidegrades über den Partikelweg durch das Simulationsmodell den Abscheidegrad einzelner Partikeltrajektorien zu berechnen und anschließend mit der Aufsummierung der Effektivität aller Trajektorien den Abscheidegrad eines Filters zu bestimmen. Auch die Berechnung der stationären Filtereffektivität erfährt mit Hilfe der numerischen Nachstellung eines bestehenden Versuchs der TH Karlsruhe eine Plausibilisierung [EMI12]. In diesen Versuchen wird das Vlies mit einem monodispersen Aerosol durchströmt und die Effektivität für einzelne Partikelgrößen bestimmt. Abschließend erlaubt die Kenntnis der Partikeltrajektorien sowie die örtliche Auflösung des Einzelfaserabscheidegrades, die lokalen Rußablagerungen innerhalb des Filters zu berechnen und für weitere Berechnungen zu speichern.

Abschließend wird in Kap. 7 für die Gesamtbetrachtungen des Filters mit Hilfe der Kenntnis der lokalen Rußablagerungen das transiente Verhalten des Filters (Ebene 4) bestimmt. Dazu wird ausgehend von der lokalen Beladung des Filtervlieses auf eine lokale, aktualisierte Porosität geschlossen. Mit der lokalen Porosität wird ein äquivalenter, lokaler Faserdurchmesser bestimmt, welcher wiederum lokale Widerstandskoeffizienten für das poröse Medium sowie eine lokale Einzelfasereffektivität ergibt. Diese Betrachtungen werden für jede Zelle der Diskretisierung des Filtervlieses durchgeführt, so dass eine Widerstandsmatrix innerhalb des Filtervlieses entsteht, durch die sich das Strömungsfeld in jedem Zeitschritt der transienten Berechnung neu ausrichtet. Die Plausibilisierung der erzielten Ergebnisse erfolgt in diesem Fall mit der numerischen Nachstellung des erweiterten Versuchs aus den stationären Betrachtungen, in denen der steigende Druckverlust über die Beladung ermittelt wird.

In Kap. 8 wird die gewünschte, allgemeine Anwendbarkeit der erstellten Routine für verschiedenste Filter, deren Funktionalität sich auf die Einzelfasereffektivität zurückführen lassen, anhand der Simulation der Filterbeladung eines Saugbaggersystems gezeigt. Dazu werden zunächst die Eingangsparameter, welche für die Simulation der Sauganlage notwendig sind, bestimmt. Danach wird die Berechnung der Einzelfasereffektivitätsdatenbank mit aktualisierten Parametern durchgeführt und abschließend die Beladung der Sauganlage berechnet.

Neben der universellen Anwendbarkeit der Methode ist auch die Anwendbarkeit für zukünftige Problemstellungen eine Forderung an die erstellte Methodik. Kap. 9 zeigt im Ansatz einen denkbaren Einsatz der Methodik für einen numerische Berechnung des Beladungsverhaltens eines Filters über einen kompletten Fahrzyklus sowie eine Aktualisierung der Eingangsparameter für die Berechnung von Partikelfiltern, die an Ottomotoren verwendet werden können.

Kapitel 4

Numerische Berechnung der Einzelfasereffektivität

Kap. 2 hat einen Einblick in die theoretischen Grundlagen der Filtertheorie gegeben. Als Quintessenz dessen ist zunächst die Einzelfasereffektivität zu berechnen, da diese in der Betrachtungsebene 1 die Grundlage zur Beschreibung des Filters auf der kleinsten Größenskala darstellt. Für die Berechnung dieser Einzelfasereffektivität wurden verschiedene empirische Ansätze und Vereinfachungen gezeigt, die verschiedene Annahmen und Abstraktionen notwendig machen.

Im Gegensatz dazu zeigt dieses Kapitel einen methodisch neuen Ansatz zur numerischen Berechnung der Einzelfasereffektivität unter Berücksichtigung der Mechanismen Diffusion, Interzeption und Impaktion. Ausgangspunkt der Berechnung ist das bereits in Kap. 2.6 vorgestellte Zell-Modell mit der Lösung nach Kuwabara. Dieses Modell beschreibt die zweidimensionale, stationäre Strömung um einen Zylinder unter Berücksichtigung der die Faser umgebenden Nachbarfasern. Die Berücksichtigung erfolgt durch einen die Faser umgebenden, von Faserdurchmesser und Packungsdichte abhängigen Luftraum um die Faser. Die Strömung wird durch die Stromfunktion ψ (vgl. Gl. (2-22)) wiedergegeben. Die Derivate der Stromfunktion ergeben die Strömungsgeschwindigkeit in Abhängigkeit der Position und ermöglichen die numerische Berechnung von Partikeltrajektorien.

Die Umsetzung der Idee zur numerischen Berechnung erfolgt mit dem Ziel, eine wirtschaftliche Berechnungszeit bei gleichzeitig hoher, statistischer Genauigkeit zu erzielen. Durch die geforderte, hohe Genauigkeit ist es notwendig, die Berechnung einer hohen Anzahl von Partikeltrajektorien durchzuführen, wobei eine mehrfache Berechnung der Partikelbahnen auf einem Strömungspfad der besseren Abbildung der stochastischen Bewegung der Diffusion dient. Die Eigenschaft der Unabhängigkeit der Partikelbahnen untereinander, d.h. der Vernachlässigung der Partikelinteraktion, ermöglicht hochparallelisierte Rechnungen, wie sie heute auf modernen Grafikkarten durchgeführt werden können. Im Gegensatz zu aktuellen CPU´s mit ihren bis zu 12 Kernen haben moderne Grafikkarten über 1000 CUDA-Kerne auf ihrer GPU. Diese über 1000 CUDA-Kerne können simultan über 1000 Trajektorien berechnen. Umgesetzt wird die Berechnung im Programm $cusfe$ (vgl. [Syb14a]) in der Umgebung CUDA.

Folgendes Kapitel zeigt die Grundlagen und Rahmenbedingungen der Berechnung der Partikelbewegung. Darüber hinaus wird ein Vergleich zwischen den in Kap. 2 gezeigten Ansätzen und den Ergebnissen aus der numerischen Lösung der Bewegungsgleichung mit dem Ziel der Plausibilisierung des Programms $cusfe$ durchgeführt.

4.1 Modellierung der Partikelbewegung

Die Bewegung eines Partikels um eine Faser in einem Zeitschritt Δt setzt sich aus der Superposition des Ergebnisses der Bewegungsgleichung $\Delta\vec{x}_{St}$ und der Diffusionsverschiebung $\Delta\vec{x}_D$ zusammen.

$$\vec{x}(t + \Delta t) = \vec{x}(t) + \Delta\vec{x}_{St}(\Delta t) + \Delta\vec{x}_D(\Delta t) \qquad (4\text{-}1)$$

In dieser Betrachtung wird die Diffusionsverschiebung als Sprung berechnet, welcher sich nicht auf die Partikelgeschwindigkeit auswirkt. Die Bewegungsdifferentialgleichung wird innerhalb des Zeitschritts Δt gelöst und der Partikelzustand aktualisiert.

In Kap. 2.4.2 wurde bereits die Bewegungsgleichung eines sphärischen Partikels unter dem Einfluss der Stokes´schen Widerstandskraft eingeführt. Für Partikel in der Größenordnung der mittleren freien Weglänge der Gasmoleküle ($Kn \ll 1$) ergibt sich mit der Cunningham-Korrektur Cu in einem bewegten Gas mit der Voraussetzung eines sehr kleinen Dichteverhältnisses $\frac{\rho_g}{\rho_p} \ll 1$ zwischen Fluid und Partikel [Bro93, S. 82] folgende Gleichung:

$$\frac{d\dot{\vec{x}}(t)}{dt} = -\,\kappa\left(\dot{\vec{x}}(t) - \vec{u}(\vec{x})\right) \tag{4-2}$$

$$\kappa = \frac{18\eta}{Cu\, d_p^2\, \rho_p} \tag{4-3}$$

Die Lösungen für verschiedene Anfangsbedingungen dieser Differentialgleichung ergeben die Trajektorien eines Partikels.

4.1.1 Geschwindigkeitsfeld

Wie bereits in Kap. 2.3.3 gezeigt, wird das Potentialfeld der Umströmung einer Faser mit der Stromfunktion ψ (Gl. (2-20) bzw. Gl. (2-22)) beschrieben. Die Ableitungen der Stromfunktion ψ ergeben das analytische Geschwindigkeitsfeld (Gl. (2-12) bzw. Gl. (2-13)). In einem kartesischen Koordinatensystem ergeben sich die Geschwindigkeiten u_x bzw. u_y. Die Funktionen $f(x,y)$ und $f^*(x,y)$ dienen der Verkürzung sich wiederholender Terme.

$$f(x,y) = \alpha - 1 + \frac{2-\alpha}{2}\frac{r_f^2}{x^2+y^2} - \frac{\alpha}{2}\frac{x^2+y^2}{r_f^2} + 2ln\left(\frac{\sqrt{x^2+y^2}}{r_f}\right) \tag{4-4}$$

$$f^*(x,y) = -\,(2-\alpha)\frac{r_f^4}{(x^2+y^2)^2} - \alpha + \frac{2r_f^2}{x^2+y^2} \tag{4-5}$$

$$f_x'(x,y) = x\, f^*(x,y) \tag{4-6}$$

$$f_y'(x,y) = y\, f^*(x,y) \tag{4-7}$$

In die Gleichung für das Geschwindigkeitsfeld eingesetzt, ergibt sich folgendes Gleichungssystem.

$$u_x(x,y) = \frac{u_0}{2\,Ku}\left(f(x,y) + y^2\, f^*(x,y)\right) \tag{4-8}$$

$$u_y(x,y) = \frac{u_0}{2\,Ku}\, yx\, f^*(x,y) \tag{4-9}$$

Dargestellt wird das Geschwindigkeitsfeld in Abb. 4.1. Hierbei ist das Geschwindigkeitsfeld dimensionslos, die Positionen x, y auf den Faserradius bezogen und die Geschwindigkeit bezogen auf die Anströmgeschwindigkeit u_0 dargestellt.

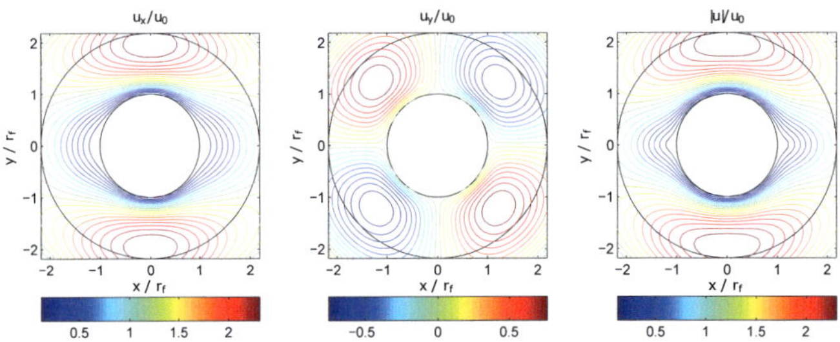

Abb. 4.1: Geschwindigkeitsfeld, dimensionslose Darstellung, die Positionen x und y beziehen sich auf den Faserradius, die Geschwindigkeiten beziehen sich auf u_0

4.1.2 Lösung des Zustandsvektors

Der Zustandsvektor eines Partikels setzt sich aus den Positionen und den Geschwindigkeiten für beide Raumrichtungen zusammen.

$$\dot{\begin{pmatrix} x(t) \\ y(t) \\ \dot{x}(t) \\ \dot{y}(t) \end{pmatrix}} = \begin{pmatrix} u_x(t) \\ u_y(t) \\ -\kappa(\dot{x}(t) - u_x(x,y)) \\ -\kappa(\dot{y}(t) - u_y(x,y)) \end{pmatrix} \tag{4-10}$$

Die numerische Integration der Bewegungsgleichungen erfolgt aufgrund der sehr hohen Stabilitätsanforderungen der Berechnung der Diffusion [JG94] mit dem stabilen, zweistufigen Einschritt-Verfahren TRBDF2 nach Bank et al. [BCF+85]. Das TRBDF2-Verfahren wird in zwei Schritten durchgeführt. Im ersten Schritt wird mittels des Trapezverfahrens von t_n nach $t_{n+\gamma_t} = t_n + \frac{\gamma_t}{2}\Delta t_n$ integriert

$$\vec{x}_{n+\gamma_t} = \vec{x}_n + \frac{\gamma_t}{2}\Delta t_n (f_n + f_{n+\gamma_t}) \tag{4-11}$$

und dann im zweiten Schritt mit der Rückwärts-Differenzen-Formel zweiter Ordnung von $t_{n+\gamma_t}$ nach t_{n+1} (vgl. [Syb14a]).

$$\vec{x}_{n+1} = \frac{1}{\gamma_t(2-\gamma_t)}\vec{x}_{n+\gamma_t} - \frac{(1-\gamma_t)^2}{\gamma_t(2-\gamma_t)}\vec{x}_n + \frac{1-\gamma_t}{2-\gamma_t}\Delta t_n f_{n+1} \tag{4-12}$$

Beide Gleichungen lassen sich mit dem Newton-Verfahren iterativ lösen. Hierbei stellt k die Newton-Iteration und R_N das Residuum der Newton-Iteration dar. [AS72]

$$\frac{\partial F(x_k)}{\partial x_k} = -\, F(x_k) \equiv -R_N \tag{4-13}$$

$$x_{x+1} = x_k + \delta x_k \tag{4-14}$$

Die Newton-Gleichungen für beide Stufen des TRBDF2-Verfahrens, mit $\mathcal{I}$ der Einheitsmatrix und $\mathcal{J} = \frac{\partial f_n}{\partial \vec{x}}$ der Jacobi-Matrix, lauten:

$$\left[\mathcal{I} - \frac{\gamma_t}{2}\Delta t_n \mathcal{J}_{n+\gamma_t}\right]\delta\vec{x}^k_{n+\gamma_t} = -\left(\vec{x}^k_{n+\gamma_t} - \vec{x}_n\right) + \frac{\gamma_t}{2}\Delta t_n (f_n + f^k_{n+\gamma_t}) \tag{4-15}$$

$$\begin{gathered}\left[\mathcal{I} - \frac{1-\gamma_t}{2-\gamma_t}\Delta t_n \mathcal{J}_{n+1}\right]\delta\vec{x}^k_{n+1} = \\ -\left(\vec{x}^k_{n+1} - \frac{1}{\gamma_t(2-\gamma_t)}\vec{x}_{n+\gamma_t} + \frac{(1-\gamma_t)^2}{\gamma_t(2-\gamma_t)}\vec{x}_n\right) + \frac{1-\gamma_t}{2-\gamma_t}\Delta t_n f^k_{n+1}\end{gathered} \tag{4-16}$$

Der Zeitschritt Δt wird dynamisch an die Abschätzung des lokalen Fehlers e_l der jeweiligen Iteration angepasst und der Betrag des lokalen Fehlers nach Gl. (4-17) minimiert. [JG94]

$$\gamma_t = 2 - \sqrt{2} \tag{4-17}$$

Der lokale Fehler berechnet sich nach:

$$\vec{e_l} \approx 2 \frac{-3\,\gamma_t^2 + 4\gamma_t - 2}{12(2-\gamma_t)} \Delta t_n \left(\frac{1}{\gamma_t} f_n - \frac{1}{\gamma_t(1-\gamma_t)} f_{n+\gamma_t} + \frac{1}{1-\gamma_t} f_{n+1} \right) \tag{4-18}$$

Der relative, lokale Fehler ist definiert als das Verhältnis zwischen lokalem Fehler e_l und der Toleranz im aktuellen Zeitschritt. Die relative Fehlertoleranz ϵ_R ist hier auf den Anfangswert der Iteration $\vec{x}_n$ bezogen. Die absolute Fehlertoleranz ϵ_A spezifiziert die „effektive Null", so dass der Nenner nie Null wird.

$$\vec{\epsilon_r} = \frac{\|\vec{e_l}\|}{\epsilon_R \, \|\vec{x}_n\| + \epsilon_A} \tag{4-19}$$

Entsprechend zum relativen, lokalen Fehler skaliert sich der Zeitschritt zu Δt_{n+1}.

$$\Delta t_{n+1} = \Delta t_n \cdot e_r^{-\frac{1}{4}} \tag{4-20}$$

4.1.3 Implementierung

Das Gleichungssystem wird mit der Jacobi-Matrix aufgestellt. Für die Lösung des Systems wird die quadratische Matrix $\mathcal{A}$ in das Produkt der unteren Dreiecksmatrix $\mathcal{L}$ und der oberen Dreiecksmatrix $\mathcal{U}$ zerlegt.

$$\mathcal{A} \cdot \vec{x} = (\mathcal{L} \cdot \mathcal{U}) \cdot \vec{x} = \mathcal{L} \cdot (\mathcal{U} \cdot \vec{x}) = \vec{b} \tag{4-21}$$

Die LU-Zerlegung benötigt kein Eliminierungsverfahren, da durch die Dreieckszerlegung Triviallösungen gegeben sind. Darüber hinaus bleibt der Vektor $\vec{b}$ unverändert und eine einmal zerlegte Matrix kann für Gleichungssysteme unterschiedlicher $\vec{b}$ verwendet werden. Für die Berechnung der Matrix $\mathcal{A}$

ergibt sich folgende Jacobi-Matrix $\mathcal{J}$, wobei $u_{xx} = \frac{\partial u_x(x,y)}{\partial x}$ die partielle Ableitung der Geschwindigkeit u_x nach x ist.

$$\mathcal{J} = \frac{\partial \vec{f}(\vec{x})}{\partial \vec{x}} = \begin{pmatrix} 0 & 0 & 1 & 0 \\ 0 & 0 & 0 & 1 \\ \kappa\, u_{xx} & \kappa\, u_{yx} & -\kappa & 0 \\ \kappa\, u_{yx} & \kappa\, u_{yy} & 0 & -\kappa \end{pmatrix} \tag{4-22}$$

Die partiellen Ableitungen der Geschwindigkeiten lauten:

$$u_{xx} = \frac{\partial u_x(x,y)}{\partial x} = \frac{u_0}{2Ku} x \left(g_1(x,y) + y^2 g_2(x,y)\right) \tag{4-23}$$

$$u_{xy} = \frac{\partial u_x(x,y)}{\partial y} = \frac{u_0}{2Ku} y \left(3g_1(x,y) + y^2 g_2(x,y)\right) \tag{4-24}$$

$$u_{yx} = \frac{\partial u_y(x,y)}{\partial x} = \frac{u_0}{2Ku} y \left(g_1(x,y) + x^2 g_2(x,y)\right) \tag{4-25}$$

$$u_{yy} = \frac{\partial u_y(x,y)}{\partial y} = \frac{u_0}{2Ku} x \left(g_1(x,y) + y^2 g_2(x,y)\right) \tag{4-26}$$

$$g_1(x,y) = \frac{2}{r_f^2} \left[\left(\frac{\alpha}{2} - 1\right) \frac{r_f^4}{(x^2+y^2)^2} - \frac{\alpha}{2} + \frac{r_f^2}{x^2+y^2} \right] \tag{4-27}$$

$$g_2(x,y) = -\frac{4}{r_f^4} \left[2\left(\frac{\alpha}{2} - 1\right) \frac{r_f^2}{x^2+y^2} + 1 \right] \tag{4-28}$$

Das Gleichungssystem lässt sich nach der LU-Zerlegung in zwei Schritten lösen:

1. Vorwärts-Substitution: Lösung des Systems für $\mathcal{L} \cdot \vec{y} = \vec{b}$
2. Rückwärts-Substitution: Lösung des Systems für $\mathcal{U} \cdot \vec{x} = \vec{y}$.

Ist γ_t gemäß Gl. (4-17) gewählt, ergeben sich gleiche Terme für die Matrix $\mathcal{A}$ auf der linken Seite der Gl. (4-15) und Gl. (4-16). Ändert sich die Lösung nur langsam, können die Terme wiederverwendet werden. Da die Newton-Lösung nicht aktualisiert wird, kann die Iterationsanzahl bis zum Erreichen der Konvergenz ansteigen. Die Methode muss daher einen Test zur Erkennung schlechten Konvergenzverhaltens enthalten und bei Bedarf die Matrizen neu berechnen. Die Matrix $\mathcal{A}$ wird bei folgenden Ereignissen neu berechnet:

- Beginn jedes TRBDF2-Zeitschrittes bei $\vec{x}_n$
- Erreichen der maximalen Anzahl an Iterationen innerhalb eines Zeitschrittes ohne Konvergenz

4.1.4 Diffusionsbewegung

Dem Abscheidemechanismus der Diffusion (vgl. Kap. 2.4.3) obliegen vor allem sehr kleine Partikel. Die Bewegungen, die die Partikel ausführen, sind hauptsächlich stochastische Bewegungen aufgrund der thermischen Energie der Partikel. Grundlage für die Berechnung der Bewegungen ist die bereits vorgestellte Einstein-Gleichung (vgl. Gl.(2-33)), welche einen Zusammenhang zwischen der mittleren quadratischen Verschiebung MSD σ^2 und der Diffusionszeit t_D für eine N_{dim}-dimensionale Diffusion in Abhängigkeit des Diffusionskoeffizienten $D(T, \eta, r_p)$ definiert. Mikroskopische Stöße zwischen den Partikeln und den Teilchen des Gases bzw. Partikel-Partikel-Interaktionen führen zu einer zufälligen Verschiebung des Partikels. Diese zufällige Verschiebung ist ohne den Einfluss äußerer Kräfte in alle Raumrichtungen gleich groß. Alle Verschiebungen resultieren in einer mittleren Verschiebung des Partikels RMSD σ nach einer Beobachtungszeit t, wobei die Größe der Verschiebung für jede Raumrichtung normalverteilt ist. Die MSD ist im Allgemeinen als der über N Partikel gemittelte, quadratische Abstand vom Ursprung zum Zeitpunkt T definiert. Eine zweidimensionale Diffusion berechnet sich nach folgender Gleichung.

$$\sigma_{2D}^2 = \lim_{n \to \infty} \frac{1}{N} \sum_{i=1}^{N} \vec{x}_i(t_D)^2 - \vec{x}_i(0)^2 \equiv 4Dt_D \qquad \text{(4-29)}$$

Modellieren lässt sich dieser stochastische Prozess durch eine normalverteilte Verschiebung, wobei die zurückgelegte, standardnormalverteilte, räumliche Verschiebung pro Zeitschritt in jede Raumrichtung proportional zu σ_{1D} eines konstanten Zeitschrittes Δt ist. Mit Hilfe von normalverteilten Zufallsvariablen kann die Verschiebung abgebildet werden.

$$\sigma_{1D} = \sqrt{2D\Delta t_D} \tag{4-30}$$

$$\vec{x}(t_D + \Delta t) = \vec{x}(t_D) + \sigma_{1D}\vec{N}(0,1) \tag{4-31}$$

4.2 Randbedingungen der Berechnung der Einzelfasereffektivität

Wie in Kap. 2.3.2 dargestellt, umfasst das Strömungsgebiet den Raum zwischen Zellradius r_c und Faserradius r_f. Innerhalb dieses Raumes werden die Partikeltrajektorien simuliert und so die Einzelfasereffektivität berechnet. Die Berechnung der Partikeltrajektorien erfolgt durch den Start von N_p Partikeln am linksseitigem Zellradius r_c des oberen Halbraums. In jedem Zeitschritt wird dabei auf Kollision des Partikels mit der Faser oder einem Verlassen des Modells geprüft.
Die Berechnung stoppt, wenn eine der folgenden Bedingungen erfüllt ist:

- Maximale Iterationszeit ist erreicht
- Partikelkollision mit Faser
- Trajektorienende, Partikel hat das Zellmodell durchquert und verlassen
- Partikelposition ist nicht mehr finit numerisch

Die Berücksichtigung der Diffusionsbewegung erlaubt Partikeln eine radiale Ausbreitung ausgehend von ihrem ursprünglichen Startort. Dies bedeutet, dass die Partikel das Modell auch zur Einlassseite hin verlassen können. Eine Spiegelung der Partikel über die Hauptachsen macht die Verfolgung auch bei einlassseitgem Verlassen des Systems möglich. Gespiegelte Partikel setzen ihre Bewegung am rechten Zellrand fort.

Die Berechnung der Einzelfasereffektivität leitet sich von Gl. (2-7) ab. Es wird das Verhältnis von kollidierten zu gestarteten Partikeln gebildet und

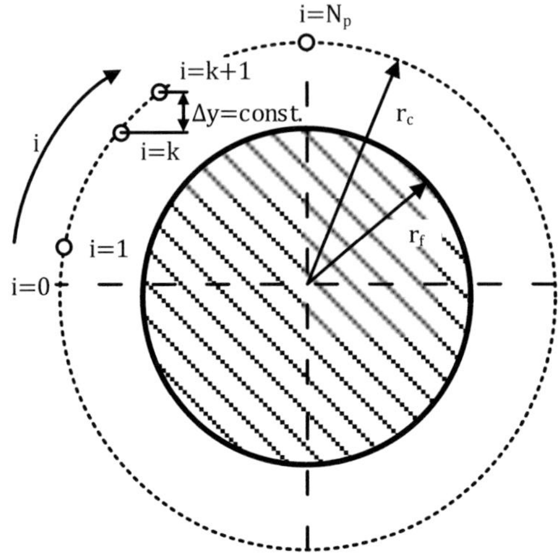

Abb. 4.2: Startbedingungen für die Trajektorienkalkulation, Partikel werden in äquidistanten Abständen in y-Richtung am oberen Halbraum des Zellradius gestartet

die Strecke r_c gewichtet, wobei die Partikel in äquidistanten Abständen in y-Richtung gestartet werden.

$$\eta_S = \frac{r_c}{r_f} \cdot \frac{N_{collected}}{N_{total}} = \frac{1}{\sqrt{\alpha}} \cdot \frac{N_{collected}}{N_{total}} \tag{4-32}$$

Initialzustand

Alle Partikel starten im Kräftegleichgewicht der Strömung. Die Anfangspositionen für alle N_p Partikel sind über einen 1-basierten Index definiert (vgl. Gl. (4-33)). Die Trajektorie mit dem Index Null wird nicht verfolgt, da diese Trajektorie von Vertikalkräften frei wäre und somit immer mit der Faser kollidiert.

$$x_i = -r_c\sqrt{1 - \left(\frac{i}{N_p} - 1\right)^2} \qquad y_i = \frac{i}{N_p - 1} r_c \tag{4-33}$$

Die Anfangsgeschwindigkeit der Partikel entspricht aufgrund des Kräftegleichgewichts am äußeren Zellradius r_c der hier anliegenden Strömungsgeschwindigkeit (Gl. (4-6) bzw. Gl. (4-7)) des Fluids.

$$\dot{x}_i = u_x(x_i,\, y_i) \qquad \dot{y}_i = u_y(x_i,\, y_i) \tag{4-34}$$

Viskosität

Verschiedene Temperaturen, welche bei der Umströmung einer Faser auftreten können, sind in der Simulation der Umströmung durch die Berechnung der dynamischen Viskosität mit Hilfe der Sutherland-Gleichung berücksichtigt. Diese Gleichung ermöglicht die Berechnung der Viskosität $\eta(T)$ bei gegebenen Referenzwerten $(T_0, \eta_0(T_0))$ für beliebig auftretende Temperaturen. [Sut93]

$$\eta(T) = \eta_0(T_0)\frac{T_0 + C_{Su}}{T + C_{Su}}\left(\frac{T}{T_0}\right)^{1{,}5} \tag{4-35}$$

Sutherland geht für seine Gleichung von einem idealen Gas aus und gibt eine Näherung der Viskosität mit einem Fehler von unter 2 % in einem Temperaturbereich von $170\,K < T < 1900\,K$ an [Whi91]. Die Sutherland-Konstante C_{Su} nimmt in der Literatur verschiedene, jedoch ähnliche Werte an. Für die Berechnungen der Einzelfasereffektivität werden Referenzwerte nach Crane [Cra82, A-5] verwendet.

$$T_0 = 291{,}15\,K \qquad \eta_0(T_0) = 1{,}827 \times 10^{-5}\,\frac{kg}{m\ s} \qquad C_{Su} = 120\,K \tag{4-36}$$

Kollisionsberechnung

Die Berechnung einer Kollision eines Partikels mit einer Faser erfolgt mit der Überprüfung, ob der Schwerpunkt eines Partikels sich im Auffangradius $r_f + r_p$ befindet (vgl. [Syb14a]). Die Berechnung erfolgt mit einer Hilfs-Geraden H, welche durch den Ursprung $\vec{0}$ und senkrecht zur Tangente G verläuft.

Tangente G: $$\vec{x} = \vec{x}_0 + \lambda\vec{r} \tag{4-37}$$

Hilfs-Gerade H: $$\left[\vec{x} - \vec{0}\right] \cdot \vec{r} = \vec{x} \cdot \vec{r} = 0 \tag{4-38}$$

Für den Schnittpunkt der beiden Geraden ergibt sich:

$$\lambda_S = \frac{\vec{r} \cdot \vec{x}_0}{|\vec{r}|^2} \tag{4-39}$$

Für den Fall $0 < \lambda_S \leq 1$ liegt der Schnittpunkt auf der im aktuellen Zeitschritt zurückgelegten Wegstrecke. Ist zudem der Abstand des Schnittpunkts λ_S vom Ursprung $\vec{0}$ kleiner als der Auffangradius $r_f + r_p$, gilt der aktuelle Partikel als kollidiert. [GZ09]

Spiegelung

Wie bereits erwähnt, soll auch das Verlassen der Zelle am Zellradius r_c berücksichtigt werden. Dies tritt vor allem bei kleinen Partikel mit einer hohen, diffusiven Bewegung auf, welche am Zellradius r_c des zweiten Quadranten gestartet werden. Der Ort, an dem die Partikel gespiegelt werden, ist der Zellradius r_c, d. h. verlässt ein Partikel das Modell nach links, wird die Position des Partikels zum Ursprung gespiegelt und das Partikel setzt seinen Weg am rechten Rand fort. Liegt die Partikelposition im aktuellen Berechnungsschritt außerhalb des Zellradius r_c, erfolgt die Spiegelung mit der Berechnung des Schnittpunkts der Trajektorie mit dem Zellradius r_c und der Korrektur der Partikelposition.

$$\text{Tangente G:} \qquad \vec{x} = \vec{x}_0 + \lambda\vec{r} \tag{4-40}$$

$$\text{Zelle K:} \qquad r_c^2 = \vec{x} \cdot \vec{x} \tag{4-41}$$

Die Länge λ_S folgt aus der positiven Lösung der quadratischen Gleichung:

$$0 = |\vec{r}|^2 \lambda_S + 2\vec{r}\vec{x}_0\lambda_S + \vec{x}_0 \tag{4-42}$$

Die gespiegelten Vektoren $\vec{x}_0'$ und $\vec{x}_1'$ berechnen sich mit dem gespiegelten Schnittpunkt $-\vec{x}_S$ und der bekannten Länge λ_S nach:

$$\vec{x}_0' = -\vec{x}_S - \lambda_S\vec{r} \qquad \vec{x}_1' = -\vec{x}_S + (1 - \lambda_S)\vec{r} \tag{4-43}$$

Faserwachstum

Die im Initialzustand der Faser betrachteten Werte für den Faserradius r_f und die Packungsdichte $\alpha(0)$ gelten nur für den unbeladenen Filter. Zur Berücksichtigung der Beladung des Filters wird eine von der lokalen Beladung abhängige Erhöhung des lokalen Faserradius $r_f(i)$ berechnet (vgl. Kap. 2.5.1). Für die Berechnung der Beladung werden linear die Packungsdichte $\alpha(i)$ und der Faserradius $r_f(i)$ in der Faserwachstums-Schleife linear mit dem nullbasierten Schleifenindex i und der Steigung Δr_f bei konstantem Zellradius r_c reduziert bzw. erhöht.

$$r_f(i) = r_f(0) + \Delta r_f \cdot i \tag{4-44}$$

$$\alpha(i) = \frac{r_f(i)^2}{r_c^2} \tag{4-45}$$

Partikelgröße

Für die Ermittlung der Einzelfasereffektivität wird ein Partikelgrößenbereich von drei Dekaden mit jeweils zehn Iterationen pro Dekade aufgespannt. Die jeweils zehn Partikelradien der einzelnen Dekaden werden logarithmisch erhöht und weisen in der logarithmischen Darstellung äquidistante Abstände auf [GZ09]. Für die nullbasierte Schleifeniteration j ergibt sich aus dem Initialwert $r_p(0)$ folgender Partikelradius $r_p(j)$:

$$r_p(j) = r_p(0) \cdot 10^{j/10} \tag{4-46}$$

Strömungsgeschwindigkeit

Für die betrachtete Strömungsgeschwindigkeit wird ein Intervall von $4,5$ Dekaden aufgespannt. Die einzelnen Strömungsgeschwindigkeiten weisen ebenfalls äquidistante Abstände auf. Für die nullbasierte Schleifeniteration k ergibt sich aus dem Initialwert $u_0(0)$ die Anströmgeschwindigkeit $u_0(k)$ [GZ09]:

$$u_0(k) = u_0(0) \cdot 10^{k/10} \tag{4-47}$$

Datenbankberechnung

Die Berechnungen des CUDA-Programms $cusfe$ starten mit dem Aufruf des Kernels. Der Kernel berechnet die Partikeltrajektorien bis zum Erreichen der gesetzten Abbruchbedingungen. In der Schleife wird zunächst die Bewegungsdifferentialgleichung (Gl. (4-2)) mit dem TRBDF2-Verfahren mit einer Anfangsschrittweite $\Delta t_1 = 10^{-10}s$ integriert. Die Schrittweite wird automatisch mit dem lokalen Fehler der Iteration angepasst. Zur Lösung der Bewegungsdifferentialgleichung kommt die diffusive Verschiebung des Partikels, welche analog der Zeitschrittweite und Zufallszahlen berechnet wird. Zusammen ergibt sich die neue Partikelposition.

Mit der Kenntnis der alten und der aktuellen Partikelposition werden die Trajektorien auf Kollision mit der Faser und auf ein Verlassen der Kuwabara-Zelle geprüft. Die Ergebnisse der abgeschlossenen Trajektorienberechnung werden in einem globalen Speicher geschrieben und in einer Datenbankdatei ausgegeben. [Syb14a]

4.3 Plausibilitätskontrolle

Im Folgenden werden die mit dem Programm $cusfe$ gewonnenen Ergebnisse mit den empirischen Gleichungen, wie sie in Kap. 2.4 dargelegt sind, verglichen, mit dem Ziel der Plausibilisierung der erzielten Ergebnisse.

Einzelfasereffektivität unter Vernachlässigung der Diffusion
Die Effektivität einer Einzelfaser wird zunächst ohne den Einfluss der diffusiven Verschiebung bewertet. Für die Plausibilisierung des Programms $cusfe$ werden die berechneten Ergebnisse mit den klassischen empirischen Gleichungen (Superposition der Gl. (2-31) und Gl. (2-25)) verglichen.

In Abb. 4.3 ist die Einzelfasereffektivität für den Bereich der dominierenden Interzeption und Impaktion über der Stokes-Zahl (vgl. Gl. (2-28)) für die Berechnung mit dem aufgetragen.

Die im Programm $cusfe$ simulierte Effektivität zeigt vor allem im Bereich niedriger Geschwindigkeit ($u_0 < 1\,\frac{m}{s}$) hervorragende Übereinstimmung, wobei die Stokes-Zahlen hier kleiner als $0,1$ sind. Für höhere Geschwindigkeiten ($u_0 \geq 1\,\frac{m}{s}$) werden geringe Abweichungen für Stokes-Zahlen größer als $0,1$ erkennbar. Dies bedeutet für die Effektivität einen geringeren Anstieg bei hohen Stokes-Zahlen als die Referenzfunktion vorhersagt.

Diffusionstest
Die stochastische Natur der Diffusion erfordert für die Berechnung der diffusiven Verschiebung eine normalverteilte Zufallsvariable (vgl. 4.1.4). Die Überprüfung der korrekten Implementierung erfolgt, indem N_P Partikel mit

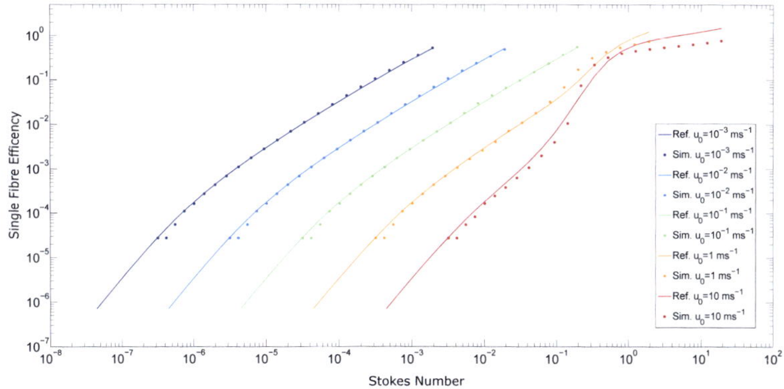

Abb. 4.3: Vergleich der simulierten Einzelfasereffektivität mit der empirisch berechneten Einzelfasereffektivität bei Vernachlässigung der Diffusion

gleicher Dichte und Größe im Ursprung eines zweidimensionalen Raums mit einer Geschwindigkeit von konstant Null gestartet werden.

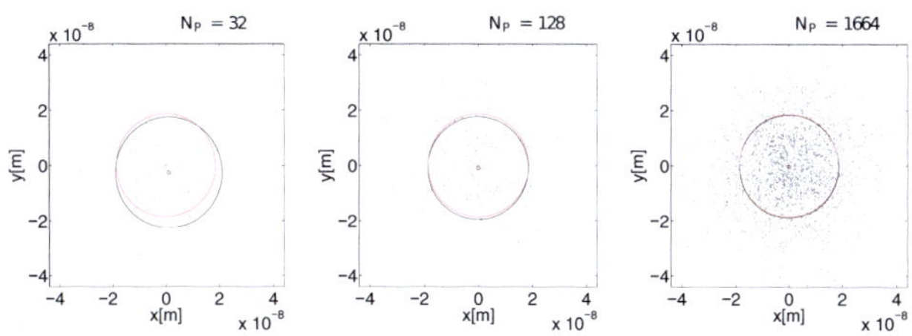

Abb. 4.4: Diffusionstest, Darstellung einzelner Partikelpositionen nach einer einzelnen Iteration, Vergleich der simulierten (grau) mit der theoretischen (rot) mittleren Verschiebung, Zeitschrittweite $1 \times 10^{-10}s$, Diffusionskoeffizient $D = 8,6584 \times 10^{-7}\, ms^{-1}$ (vgl. [Syb14b])

Das Geschwindigkeitsfeld mit der Geschwindigkeit Null bewirkt eine nur durch die Diffusion hervorgerufene Verschiebung der Partikel. Die Berechnung endet nach einer Simulationszeit t mit N_{It} konstanten Zeitschritten der Länge $\Delta t = 10^{-10} s$. Als Ergebnis liefert diese Berechnung die mittlere quadratische Verschiebung RMSD der N_P Partikel nach Gl. (4-29), die berechnete RMSD kann mit der Stokes-Einstein-Gleichung verglichen werden. Darüber hinaus lässt sich über die Gleichung der Diffusionskoeffizient D aus der simulierten mittleren Verschiebung (RMSD) bestimmen, um den Fehler zum theoretischen D_{th} berechnen zu können (vgl. [Syb14a]).

Die in Abb. 4.4 gezeigten Partikelpositionen stellen das Ergebnis einer Berechnung mit einem einzelnen Berechnungsschritt für verschiedene Anzahlen von Partikeln dar. Die in die Abbildung eingebrachten Kreise zeigen zum einen die theoretische (rot) nach Gl. (4-29), zum anderen die simulierte (grau), mittlere Verschiebung RMSD. Es ist zu erkennen, dass sich theoretische und simulierte RMSD bereits nach einer Iteration ähneln, was darauf schließen lässt, dass die Diffusion richtig implementiert ist. Für niedrige An-

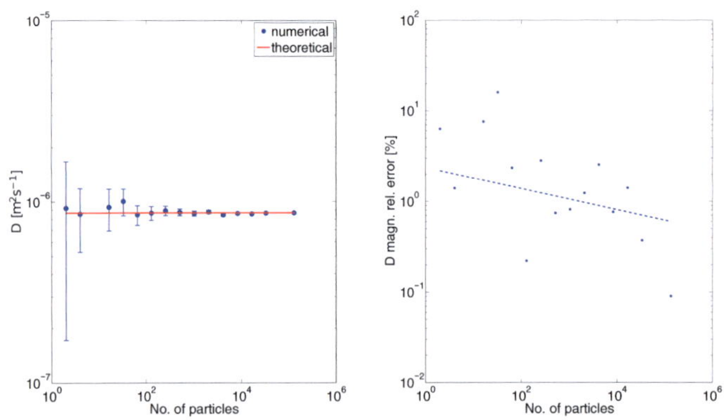

Abb. 4.5: Diffusionstest, Darstellung der Abweichung bzw. Unsicherheit des simulierten zum theoretischen Diffusionskoeffizienten im Verlauf über die Partikelanzahl

zahlen berechneter Partikel ist ein deutlicher Versatz des Kreismittelpunkts zum Ursprung zu erkennen und mit steigender Partikelanzahl minimiert sich die Differenz zwischen theoretischer und simulierter RMSD. Diese geht mit $N_P \to \infty$ gegen Null, was bedeutet, dass für eine hinreichend genaue Berechnung der Diffusionsverschiebung eine gute Abbildung der Normalverteilung durch eine möglichst große Anzahl von Partikeln notwendig ist.

Den Einfluss der Stichprobengröße verdeutlicht Abb. 4.5. Die hohen Unsicherheiten bei kleinen Partikelanzahlen zeigen, dass die Stichprobengröße für die Abbildung des stochastischen Prozesses sehr hoch sein muss. Der hohe Rechenaufwand, welcher für eine genaue Berechnung notwendig ist, macht einen Kompromiss zwischen Genauigkeit und Partikelanzahl notwendig. Für die angedachten Berechnungen ist daher eine Partikelanzahl von mindestens 10^4 anzustreben.

Gesamteinzelfasereffektivität

Abb. 4.6 gibt die Effektivität unter der zusätzlichen Berücksichtigung der Diffusion über die Partikelgröße wieder. Die hier gezeigte Referenzfunktion entspricht der Superposition der Gl. (2-25), Gl. (2-29), Gl. (2-38) und Gl. (2-42).

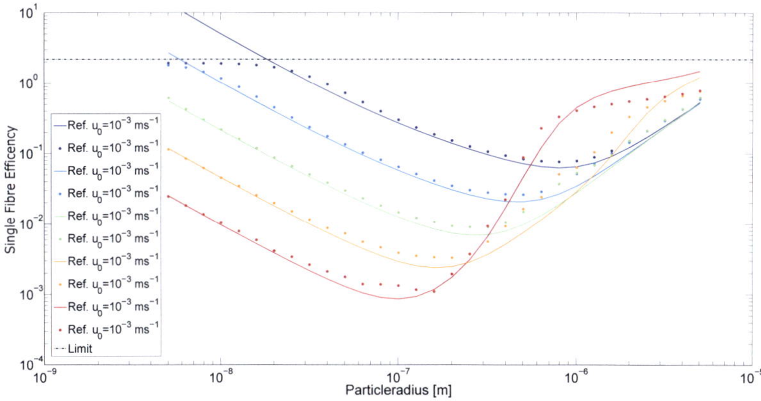

Abb. 4.6: Vergleich simulierte Einzelfasereffektivität mit empirisch berechneter Einzelfasereffektivität unter Berücksichtigung der Diffusion, Impaktion und Interzeption

Die Berücksichtigung der Diffusion zeigt sich besonders bei kleinen Partikeln und niedrigen Geschwindigkeiten mit einem erwartungsgemäßen Ansteigen der Diffusion. Speziell bei sehr niedrigen Geschwindigkeiten von $u_0 \leq 0,01 \frac{m}{s}$ liegt die Einzelfasereffektivität nahe der maximalen Effektivität der Kuwabara-Zelle von $\frac{1}{\sqrt{\alpha}}$ und verläuft asymptotisch gegen diesen Grenzwert, welcher nicht in der Referenzgleichung berücksichtigt wird. Höhere Geschwindigkeiten im Bereich der dominierenden Diffusion weisen für geringe Partikelgrößen eine hervorragende Übereinstimmung mit der Referenzkurve auf. Für Geschwindigkeiten um $u_0 \leq 0,01 \frac{m}{s}$ und größer werdende Partikelradien zeigen sich ebenfalls gute Übereinstimmungen. Bei hohen Geschwindigkeit von $u_0 \geq 1 \frac{m}{s}$ sind Abweichungen zwischen Referenzfunktion und Simulation erkennbar, welche sich bereits in der Betrachtung unter Vernachlässigung der Diffusion gezeigt haben.

Die auftretenden Abweichungen können auf die Gleichung für den Abscheidemechanismus der Impaktion zurückgeführt werden. Diese Funktion ist eine empirische Anpassungsfunktion, welche nach der Methode der kleinsten Fehlerquadrate in Simulationen bestimmt wird. Die Einschränkungen, welche für die Gleichungen getroffen werden ($R \to 0, \alpha \to 0$), nehmen ebenfalls aufgrund der hier betrachteten, hohen Packungsdichte von $\alpha = 0,21$ Einfluss auf das Ergebnis der Referenzgleichung. Die Abhängigkeit der Gleichung von der Stokes-Zahl St führt bei steigenden Stokes-Zahlen zu stärkeren Abweichungen.

Abb. 4.7 zeigt die Ergebnisse der Berechnung einzelnen Partikeltrajektorien. Deutlich ist zu erkennen, wie die verschiedenen Abscheidemechanismen bei unterschiedlichen Partikeldurchmessern zum Tragen kommen. Vor allem bei der Darstellung der Trajektorie des Partikels mit dem Durchmesser $d_p = 5e^{-9}\,m$ zeigt sich der deutlich diffusive Charakter der Bewegung, bei der es auch zu einem Verlassen der Zelle nach links kommen kann. Dahingehend ist bei dem Partikel mit dem Durchmesser $d_p = 5e^{-8}\,m$ der Anteil der Diffusion an der Bewegung geringer und es ist annähernd eine Bewegung auf der Stromlinie erkennbar. Abschließend ist ein Partikel mit einem Durchmesser von $d_p = 5e^{-6}\,m$ dargestellt. Dieses Partikel wird nur für drei Iterationen verfolgt, da es nach diesen drei Iterationen aufgrund seiner geometrischen

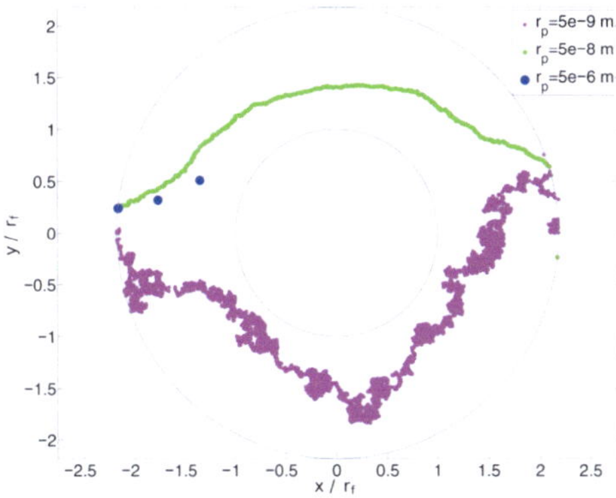

Abb. 4.7: Darstellung berechneter Partikeltrajektorien drei verschiedener Partikeldurchmesser bei einer Fluidtemperatur von $T = 673,15\,K$, einer Anströmgeschwindigkeit von $u_0 = 0,05\,m\,s^{-1}$ sowie einer Partikeldichte von $\rho_p = 250\,kg\,m^{-3}$

Ausmaße und seiner Masse bereits die Faser berührt und somit abgeschieden ist. Zusammenfassend kann eine gute Übereinstimmung der Ergebnisse für die Einzelfasereffektivität des Programms $cusfe$ mit den Referenzgleichungen festgestellt werden. Auch in der Betrachtung der einzelnen Ergebnisse der Berechnung verschiedener Partikelbahnen zeigt sich, dass alle in die Berechnung eingebauten Funktionen ihre Funktionalität bewiesen haben.

4.4 Ergebnis der numerischen Berechnung der Einzelfasereffektivität

Das Ergebnis der Berechnungen mit dem Programm $cusfe$ ist eine Matrix der Einzelfasereffektivität, in der die Werte der Einzelfasereffektivität über der Strömungsgeschwindigkeit u_0 und dem Partikelradius r_f dargestellt werden. Für eine unbeladene Faser ist diese in Abb. 4.8 als zweidimensionale Fläche dargestellt. Die gezeigte Matrix weist über das gesamte Berechnungsgebiet einen stetigen Verlauf auf, was vor allem im Bereich der dominierenden Diffusion qualitativ für gute Ergebnisse spricht.

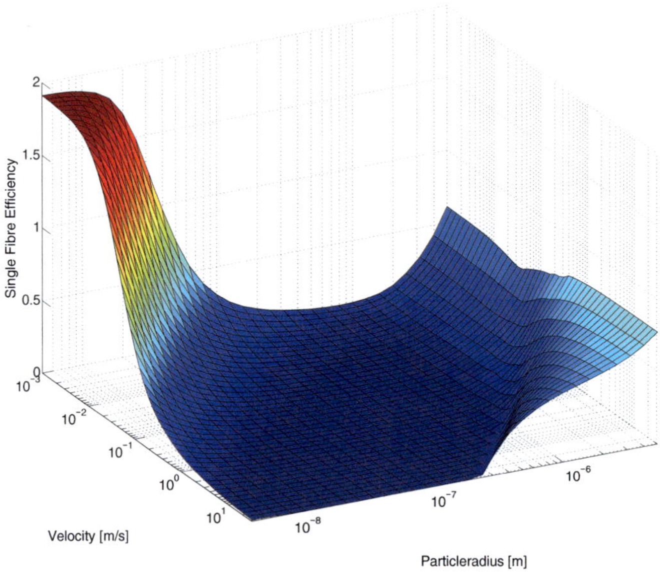

Abb. 4.8: Einzelfasereffektivität berechnet mit dem Programm *cusfe*; 159744 Partikel; $T = 673,15\,K$; $d_f = 22\,\mu m$; $\alpha = 0,21$; $\rho_p = 250\,kg\,m^{-3}$

In der Datenbank stellt $r_{p,\,min} = 5 \times 10^{-9} m$ den Mindestradius sowie $u_{0,\,min} = 0,001 \frac{m}{s}$ die Mindestgeschwindigkeit für die Berechnung dar. Mit den in Kap. 4.2 vorgestellten Stützpunkten der Datenbankberechnung ergibt sich für die Geschwindigkeit ein Berechnungsintervall von $u_0 = 0,001 \frac{m}{s}$ bis $31,6228 \frac{m}{s}$ und für den Partikelradius ein Berechnungsintervall von $r_p = 5\,nm$ bis $5\,\mu m$.

Deutlich ist zu erkennen, dass insbesondere bei niedrigen Geschwindigkeiten und niedrigen Partikelgrößen eine sehr gute Effektivität herrscht. Die Werte liegen hier oberhalb von eins, was aus der Definition der Einzelfasereffektivität als Quotient aus Stoßparameter und Faserdurchmesser herrührt (vgl. Kap. 2.2). Vorherrschend in diesem Bereich ist vor allem der Mechanismus der Diffusion, welcher bei diesen Parametern von Partikelradius und Partikelgeschwindigkeit überwiegt. Mit steigender Geschwindigkeit und größer werdenden Partikeln sinkt die Effektivität bis zu einem Minimum in der Effektivitätskurve. Dieses Effektivitätstal ist bereits aus der Literatur bekannt (vgl. [Hin99, S. 199] und [Bro93, S. 109]) und stellt den Schwachpunkt in der Aerosolfiltration mit faserbasierten Filtern dar. In diesem Bereich dominiert die Interzeption, bei der sich die meisten Partikel auf den Stromlinien fortbewegen und nicht mit der Faser kollidieren. Nach diesem Effektivitätstal steigt die Effektivität für schnelle und große Partikel auf Grund des immer stärker werdenden Mechanismus der Impaktion wieder an.

4.5 Effektivität wachsender Fasern

Ziel der hier gezeigten Routine ist die Abbildung der Beladung eines Aerosolfilters über die Zeit. Wird der Filter beladen, so lagern sich Partikel lokal an die Fasern an und bewirken eine Änderung der Form der Faser. Diese Änderung führt bei Vernachlässigung einer Dendritenbildung der Partikel zu einem Wachsen des äquivalenten lokalen Faserdurchmessers. Aus der Vereinfachung, dass der äquivalente Faserdurchmesser die Topologie der Faser nicht verändert, folgt ein konzentrisches Wachstum der Faser. In Folge des wachsenden Faserradius steigt die Packungsdichte ebenfalls an. Die Modellierung der wachsenden Fasern erfolgt durch die Hinzunahme einer dritten Dimension zur Berechnung der Einzelfasereffektivität. Neben den Parametern Strömungsgeschwindigkeit u_0 und Partikelradius r_p wird die Packungsdichte α berücksichtigt. Die Darstellung dieses Faserwachstums erfolgt über die Berechnung verschiedener Effektivitätsdatenbanken mit wachsenden Faserradien von $r_f = 11 \times 10^{-6} \ldots 24 \times 10^{-6}\,m$ in Schritten von $5 \times 10^{-7}\,m$. Die Darstellung der Ergebnisse dieser Berechnung über die Geschwindigkeit u_0, dem Partikelradius r_p und zusätzlich der Packungsdichte α erfolgt in Abb. 4.9. In der Abbildung werden Schnitte bei konstanten

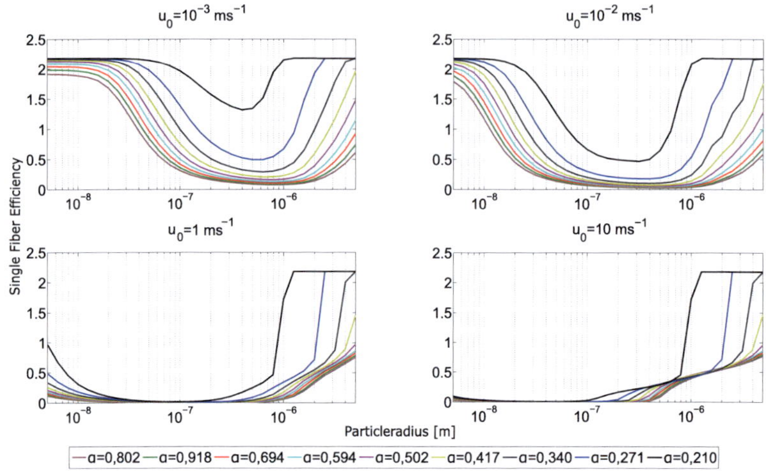

Abb. 4.9: Darstellung der Effektivität mit steigender Packungsdichte für verschiedene Geschwindigkeiten

Strömungsgeschwindigkeiten u_0 dargestellt, um den Effektivitätszuwachs bei steigender Packungsdichte α zu zeigen.

Für die Strömungsgeschwindigkeiten $u_0 = 10^{-3}\,\frac{m}{s}$ und $u_0 = 10^{-2}\,\frac{m}{s}$ zeigt sich der Effektivitätszuwachs mit steigender Packungsdichte α sehr deutlich. Es wird der Maximalwert der Effektivität jeweils für sehr große und sehr kleine Partikel erreicht. Zum Tragen kommen hier die Mechanismen Diffusion bei langsamen Geschwindigkeiten und kleinen Partikeldurchmessern bzw. Impaktion bei langsamen Geschwindigkeiten und großen Partikeldurchmessern. Ebenfalls zu erkennen ist eine Unstetigkeitsstelle im Verlauf der Effektivitätskurve, bei der die Tiefenfiltration des Filters nicht mehr abgebildet wird. In diesem Fall ist es den Partikeln aufgrund ihrer geometrischen Abmessungen nicht mehr möglich, in den freien Raum um die Faser vorzudringen und die Partikel werden „ausgesiebt". Bei höheren Geschwindigkeiten zeigt sich ein ähnliches Bild der Effektivitätskurven, jedoch ist der Mechanismus der Diffusion insgesamt weniger ausgeprägt als bei niedrigeren Geschwindigkeiten. Für große Partikel zeigt sich ebenfalls wieder der Übergang der Tiefenfiltration in eine „Aussiebung“ der Partikel.

4.6 Fazit

Das hier vorgestellte Programm $cusfe$ ist in der Lage, hochparallelisierte Berechnungen zur Einzelfasereffektivität auf einer Grafikkarte durchzuführen. Die Berechnung der Einzelfasereffektivität erfolgte mit 159744 Trajektorien und zeigt über das gesamte Berechnungsgebiet einen stetigen Verlauf. Eine Plausibilisierung der Ergebnisse erfolgt mit einem Vergleich der berechneten Effektivitäten des Programms mit Referenzgleichungen aus der Literatur sowie mit einem Diffusionstest in einem stationärem Raum. Der Vergleich der Effektivitäten weist besonders im Bereich niedriger bis mittlerer Stokes-Zahlen sehr gute Übereinstimmungen auf. Im Bereich höherer Stokes-Zahlen zeigen die Berechnungen mit dem Programm $cusfe$ einen niedrigeren Anstieg als die Referenzgleichungen, was auf die empirische Natur der Referenzgleichungen zurück zu führen ist. Die Ergebnisse des Diffusionstests belegen, dass für eine sehr gute Abbildung des Diffusionskoeffizienten nach Einstein eine Partikelanzahl von $> 10^4$ notwendig ist.

Das verwendete TRBDF2-Verfahren stellt ein implizites, äußerst stabiles, numerisches Integrationsverfahren dar, welches durch die Abschätzung des lokalen Fehlers die Steuerung der Zeitschrittweite ermöglicht.

Aufgrund der schnellen Berechnung ist es möglich, mit dem Programm $cusfe$ Einzelfasereffektivitätsdatenbanken für verschiedene Parameter wirtschaftlich zu berechnen. Diese Eigenschaft ermöglicht es, die Effektivität für einen wachsenden Faserdurchmesser zu bestimmen.

Kapitel 5

Numerische Modellierung des Partikelfilters

Die in Kap. 4 gezeigten Betrachtungen behandeln die Filtration in der Mikroskala, der elementarsten Ebene der Abscheidung von Partikeln an einer einzelnen Faser. Ergebnis dieser Berechnungen ist die Einzelfasereffektivität, welche numerisch als Datenbank über einen großen Bereich der Anströmgeschwindigkeit und der Partikelgröße für verschiedene Packungsdichten vorliegt. Dieses Kapitel zeigt die Modellierung der makroskopischen Ebene der Filtration, der Filtration des Gesamtsystems des Partikelfilters unter Verwendung des kommerziellen Finiten-Volumen-Lösers FLUENT, da dieser eine offene Schnittstelle auf Basis der Programmiersprache C zur Verfügung stellt. In der makroskopischen Ebene stellt die partikelbeladene Abgasströmung eine klassische Mehrphasenströmung dar. In dieser Betrachtungsebene werden die komplexen, sehr kleinen Faserstrukturen nicht diskretisiert und so die Berechnungsmodelle in dem Maße vereinfacht, dass verschiedenste Filterstrukturen berechnet werden können. Diese Mehrphasenströmung besteht aus der gasförmigen Fluidphase und der festen, dispersen Phase. Für die numerische Abbildung dieser Mehrphasenströmung mit Hilfe kommerzieller CFD-Codes ist zunächst die Berechnung des Strömungsfeldes erforderlich.

Mit Hilfe des berechneten Strömungsfeldes lässt sich anschließend die disperse Phase berechnen. Standardmäßig sind kommerzielle CFD-Codes jedoch nicht in der Lage, Vorgänge wie die Effektivität des Filters, Ablagerungen von Ruß oder die Auswirkung der Rußfiltration auf das Strömungsfeld zu berechnen. Dies wird jedoch über die Verwendung offener Schnittstellen zur Einbindung selbstgeschriebener Unterprogramme möglich. Folgendes Kapitel geht zunächst auf die Erstellung und die Berechnung des Simulationsmodells des Partikelfilters ein und zeigt darauf aufbauend die Entwicklung einer User Defined Function (UDF) zur Berechnung der Filtration sowie der Darstellung der Ablagerungsorte des aus dem Aerosol getrennten Rußes.

Der dafür genutzte, quasi-stationäre Ansatz begründet sich in der Tatsache, dass die den Filtrationsprozess bestimmenden Zeitschrittweiten, wie der mit der Beladung steigende Druckverlust, groß sind im Vergleich mit Zeitschrittweiten einer instationären Strömung ([Deu09]). Quasi-stationär bedeutet im hier betrachteten Fall, dass für die numerische Beschreibung zunächst das Strömungsfeld gelöst wird, welches über die Dauer des Zeitschrittes konstant ist.

5.1 Aufbau des Modells

Die $3D$ Simulation des Partikelfilters macht eine Modellierung und Diskretisierung des durchströmten Fluidvolumens des Filters notwendig. Im Falle keramischer Dieselpartikelfilter ist es aufgrund des symmetrischen Aufbaus der einzelnen Kanäle sowie dem einmaligen Durchgang des partikelbeladenen Aerosols durch die keramische Schicht möglich, das Simulationsmodell aus einem halben Einlass- und halben Auslasskanal aufzubauen (vgl. [Deu09]). Dies ist für den offenen Partikelfilter ausgeschlossen, da sich die Strömungseigenschaften der einzelnen Zellen gegenseitig beeinflussen. Für die Modellierung des Filters ist zu beachten, dass es mit der heutigen Rechentechnik nicht möglich ist, die komplexen Strukturen des gesamten Partikelfilters abzubilden, weswegen Vereinfachungen bezüglich des Aufbaus des Simulationsmodells notwendig sind. Anstatt des Gesamtfilters wird nur ein repräsentatives Lagenpaket eines gewickelten Filters (vgl. Abb. 2.3) be-

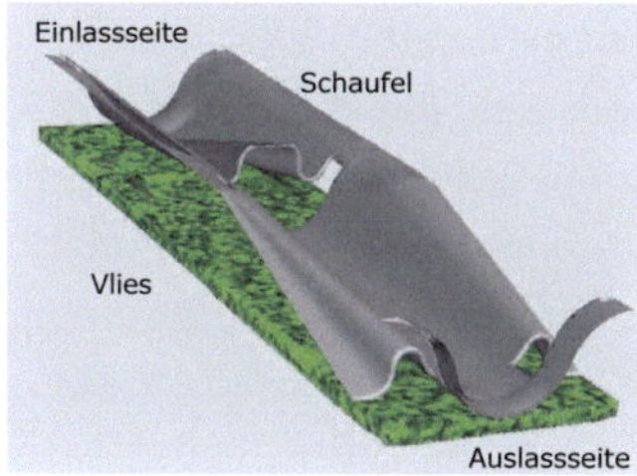

Abb. 5.1: Darstellung der in allen Simulationsmodellen verwendeten, grundlegenden Einzelzelle

trachtet. Dieses repräsentative Lagenpaket besteht aus einer Einlass- und Auslaufgeometrie sowie den einzelnen Simulationszellen. Eine Simulationszelle, wie sie in der Filterberechnung verwendet wird, ist in Abb. 5.1 gezeigt. Deutlich ist in dieser Abbildung zu erkennen, dass die Simulationszelle aus einem zentralen Strömungskanal mit einer Schaufel, zwei rechts und links daneben liegenden Halbkanälen samt zweier Halbschaufeln sowie einem Filtervlies besteht. Werden mehrere dieser Einzelzellen hintereinander gesetzt, ergibt sich eine Zelllage und mehrere Zelllagen übereinander ergeben wiederum das Zellpaket. Innerhalb der Einzelzelle leitet die erste Schaufel das partikelbeladene Abgas nach oben in Richtung der Filtervlieslage der, im realen Partikelfilter über der Zelle liegenden, nächsten Zelle. In den zwei Halbkanälen mit den zwei Halbschaufeln, welche in diesem Fall nach unten zeigen, wird das Aerosol nach unten in das unterhalb der Schaufel liegende Filtervlies abgeleitet. Damit wird das Funktionsprinzip des offenen Partikelfilters ersichtlich. Mit der Wahl einer periodischen Randbedingung an den Randflächen der zwei Halbkanäle fließen alle aus einem Randkanal ausströmenden Massenströme in den jeweils anderen Halbkanal wieder ein. Neben den einzelnen Schaufeln liegen beidseitig die so genannten Bypassflächen[1], welche das Abgas ungehindert durch den Filter strömen lassen, was eine zu hohe Filterbeladung und damit ein Verstopfen des Filters verhindert.

[1] In Strömungsrichtung erlauben es die Bypassflächen durch den Filter zu sehen, woher die Bezeichnung offener Partikelfilter stammt.

Das Lagenpaket der berechneten Filterausführungen besteht, entsprechend der Ausrichtung der einzelnen Schaufeln der Ausführungen, entweder aus einer einzelnen Lage mit 9 Simulationszellen hintereinander (Einlagenmodell, Gesamtlänge 150 mm vgl. Abb. 5.2) in Flussrichtung oder aus 9 Lagen in der Höhe und 13 Simulationszellen hintereinander (Mehrlagenmodell, Gesamtlänge 174 mm, vgl. Abb. 5.3) zuzüglich eines Ein- und Auslasses.

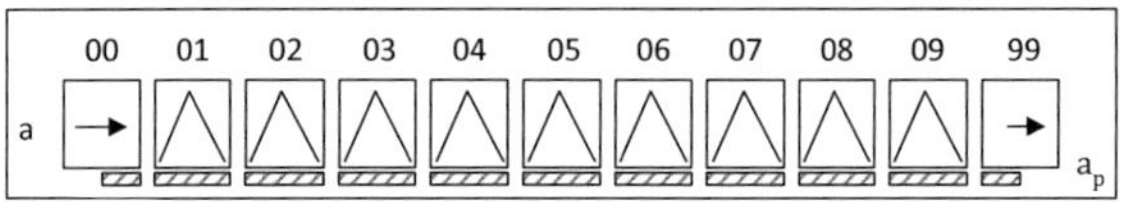

Abb. 5.2: Schematische Darstellung des Gesamtsystems 1-Lagenmodell sowie Deklaration der Einzelkörper

Die Wahl der zwei unterschiedlichen Anordnungen der Schaufeln soll für das 1-Lagenmodell den generierten Druckverlust des Filters verringern und im Fall des 9-Lagenmodells die Abscheideeffektivität erhöhen.

Diese Modelle erlauben es aufgrund der am Realmodell herrschenden Randbedingungen, die typische S-Form der Wicklung realitätsnah wiederzugeben.

Zwischen den einzelnen Schaufellagen des Filters befindet sich jeweils eine poröse Vlieslage (vgl. Abb. 5.3). Jede Lage der Zellen a mit dem dazugehörigen Filtervlies a_p wird alphanumerisch $a...i$ und in Strömungsrichtung jede Position der Zelle numerisch $01...13$ bezeichnet. Jede Standardzelle besteht aus einem Schaufelpaar gleichorientierter Schaufeln, die je nach Orientierung der Zelle im Modell das Fluid nach oben oder unten leiten. Innerhalb des Mehrlagenmodells wird die Hauptströmungsrichtung mit Hilfe der Schaufelausrichtung der mittleren Zelle umgelenkt.

Die Breite des Lagenpakets definiert sich durch die Breite zweier Schaufeln, wobei auf der rechten und linken Seite des Lagenpakets jeweils eine Halbschaufel abgebildet wird (vgl. Abb. 5.1). Mittels der Abbildung der Halbschaufeln und der Definition der Seitenflächen als periodische Flächen wird die Abbildung des Gesamtfilters erreicht. Die obere und untere Begrenzung wird im Falle des 1-Lagenmodells ebenfalls als periodisch definiert.

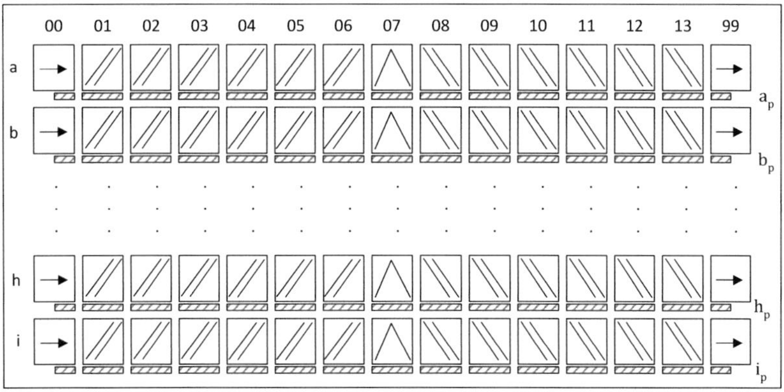

Abb. 5.3: Schematische Darstellung des Gesamtsystems 9-Lagenmodell sowie Deklaration der Einzelkörper

Im 9-Lagenmodell werden die obere und untere Begrenzung des Systems als Wände dargestellt. Dies entspricht in beiden Fällen der realen Zusammenbausituation des Filters, da im Falle des 1-Lagenmodells die Schaufeln gleichgerichtet bzw. im Falle des 9-Lagenmodells die einzelnen Zellen spiegelverkehrt aufeinandertreffen und die Strömungsrichtungen sich weiter fortsetzen bzw. gegenseitig aufheben.

5.2 Strömungsmechanische Grundgleichungen

Die Berechnung des Strömungsfeldes im Inneren des Partikelfilters und der Partikelbahnen erfolgt unter folgenden Annahmen:

- Laminare, inkompressible Strömung
- Homogene Verteilung der Strömung an der Einlassfläche des Simulationsmodells
- Homogene Partikelverteilung an der Einlassfläche

- Partikelbeladene Abgasströmung besitzt Newtonsche Eigenschaften
- Keine Berücksichtigung von Partikel-Partikel-Interaktionen sowie keine Berücksichtigung von Rückwirkungen der Partikel auf das Fluid
- Niedrige Partikelkonzentration
- Kugelförmige, rotationsfreie Partikel

Für die Berechnung der Strömung dienen die kontinuumsmechanischen Erhaltungsgleichungen für Masse, Impuls und Energie, wie sie in [OL03, Lec09, FP08, SA10] näher erläutert sind.

Das für die Partikelbahnberechnung verwendete Modell ist das Discrete Phase Model (DPM) des kommerziellen Programms FLUENT. Hierbei handelt es sich um einen Euler-Lagrange-Ansatz, in dem die Partikel eine diskrete, zweite Strömung innerhalb des strömenden Fluids bilden. Der Euler-Lagrange-Ansatz beschreibt Partikel als ausdehnungslose, diskrete Massenpunkte. Die Betrachtung der Partikelbewegung nach Lagrange erfolgt aus der Sicht eines mit dem Partikel mitbewegten Beobachters, während die Fluidströmung aus der Sicht eines ortsfesten Beobachters beschrieben wird. Nach dem Prinzip des Newtonschen Grundgesetzes werden alle das Partikel lokal im Fluid angreifenden Kräfte bilanziert und die Partikeltrajektorien berechnet. Es wird dieses Berechnungsmodell gewählt, da Partikel aus der dieselmotorischen Verbrennung aufgrund ihrer geringen Konzentration kein Kontinuum darstellen und die Rückwirkungen der Partikelphase auf die kontinuierliche Fluidphase vernachlässigbar sind [Leh05]. Die Forderung des geringen Volumenanteils der einzelnen Partikel am Volumen der diskretisierten Zellelemente resultiert daraus, dass das DPM-Modell nicht in der Lage ist, Partikel-Partikel Wechselwirkungen zu berücksichtigen [ANS09a]. Der Vorteil des Euler-Lagrange-Modells liegt in der physikalisch untermauerten Beschreibung der Partikelbewegung durch die Kräftebilanz.

Diese zweite Phase der Zweiphasenströmung besteht idealisiert aus kugelförmigen Partikeln, welche im strömenden Fluid dispergiert sind. In Abhängigkeit zum zuvor berechneten Strömungsfeld werden die Transportgleichungen der Partikel gelöst. Dabei kann die zweite Phase mit dem Fluid in

Wechselwirkung treten und Masse und Energie austauschen. Die disperse Phase verdrängt jedoch kein Fluidvolumen. Die Bewegung der Partikel lässt sich aus dem Kräftegleichgewicht an einem Partikel entlang der Strömung bestimmen. Unter Vernachlässigung der Gravitation wird der Partikel nach Gl. (5-3) in x-Richtung beschleunigt.

$$\frac{du_p}{dt} = F_D(\vec{u} - \vec{u_p}) + \vec{F} \tag{5-1}$$

$$F_D = \frac{18\eta C_D Re}{\rho_p d_p^2 24} \tag{5-2}$$

$$Re = \frac{\rho d_p \left|\vec{u}_p - \vec{u}\right|}{\eta} \tag{5-3}$$

Der Ansatz ist nicht mehr anwendbar, sobald der Anteil der zweiten Phase nicht mehr vernachlässigt werden kann. Diese Eigenschaften führen zur Forderung nach einem geringen Volumenanteil der dispersen Phase. Das Volumen eines Partikels V_p sollte für diesen Ansatz kleiner als 12 % des Zellvolumens V_c sein. [ANS09a]

Jede berechnete Partikeltrajektorie stellt einen Partikelstrom mit einer Vielzahl von Partikeln, welche alle am gleichen Ort gestartet sind und somit der gleichen Bahn folgen, dar. Rückschlüsse auf die tatsächliche Anzahl an Partikeln gibt die Massenstromrate $\dot{m}_p$.

Die Menge der zu startenden Partikel und deren Eigenschaften wird in einem Injektionsfile zusammengefasst und beinhaltet neben den Anfangsbedingungen Position, Geschwindigkeit und Partikeldurchmesser auch Informationen zur Partikeltemperatur und dem Massenstrom der Partikelinjektion. Gestartet werden die Partikeltrajektorien jeweils in den Zellmittelpunkten der diskretisierten Einlassfläche.

5.3 Definition des Rechenraums

Die Durchführung einer Simulation macht die Definition der Randbedingungen aller Flächen und Volumina entsprechend der Funktion im Berechnungsraum sowie die Diskretisierung des Rechenraums in endlich viele Kontrollvolumina notwendig, in welchen sich die Erhaltungsgleichungen der Strömungsmechanik numerisch lösen lassen. Die Einlassflächen des Modells werden als velocity inlet definiert, die Auslassflächen als pressure outlet. Die Seitenflächen sowie im Falle des 1-Lagenmodells die obere und untere Begrenzung werden als periodische Flächen definiert. Periodische Flächen ermöglichen es so, die in Kap. 5.1 vorgestellten Vereinfachungen im Modellaufbau vorzunehmen. Im Berechnungsraum liegende Volumina werden entsprechend ihrer Funktion als Fluid (Schaufellage) und Fluid mit der Eigenschaft porous media (Vlieslage) definiert.

Der Grad der Diskretisierung orientiert sich im Fall der komplexen Struktur des Partikelfilters, wie sie hier vorliegt, an verschiedenen Parametern wie der Zellqualität, der Anzahl der Zellen des Gesamtmodells oder für diesen speziellen Fall der im Post-Prozess festgestellten Anzahl der Partikel, deren Trajektorie aufgrund lokal herabgesetzter Zellqualität nicht bis zum Ende des Berechnungsgebiets verfolgt werden kann.

Durch die Variation verschiedener Steuerungsparameter konnte sowohl die Netzunabhängigkeit der berechneten Ergebnisse gezeigt und die Zellqualität maximiert sowie die Anzahl nicht verfolgbarer Partikeltrajektorien minimiert werden.

Poröses Medium

Wie bereits in Kap. 2.2.2 erwähnt, besteht das Filtervlies aus einem Geflecht metallischer Feinstdrähte mit einem durch den Hersteller gegebenen Faserdurchmesser von $22\,\mu m$ sowie einer Packungsdichte von $\alpha = 0,21$. Abb. 5.4 zeigt das im Filter verwendete Vlies. Deutlich ist zu erkennen, dass das Vlies aus metallischen Fasern besteht, die wirr verteilt sind.

Nach [TB09] folgt aus dieser wirren Verteilung der Fasern eine Inhomogenität, welche aufgrund der zufälligen Natur der Anordnung der einzelnen Feinstdrähte nicht trivial zu bestimmen ist. Dhaniyala und Liu [DL01b, DL01a] zeigen einen theoretische bzw. experimentelle Möglichkeit der Beschreibung einer inhomogenen Verteilung der Feinstdrähte des Filtervlieses. Dieser Ansatz wurde in [SFZ$^+$15] weiter verfolgt, wobei vor allem für den Mechanismus der Interzeption eine Sensitivität bezüglich der Inhomogenität des Vliesstoffes gefunden wurde. Die Messung dieser Inhomogenität stellt an

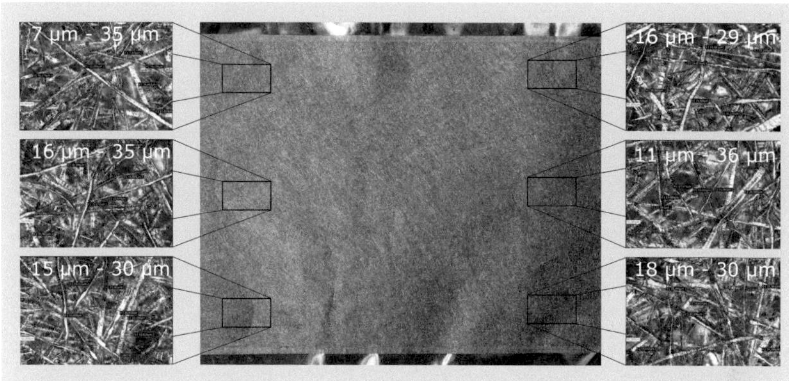

Abb. 5.4: Filtervlies

heutige Messtechnik hohe Anforderungen. Hoferer [Hof11] unterstreicht in seiner Arbeit auf diesem Gebiet insbesondere die Eignung der tomographischen Messung zur Ermittlung von Filterinhomogenitäten und zeigt deren Einfluss auf die mit Hilfe von empirischen, einzelfaserbasierten Ansätzen berechneten Eigenschaften des Filters. Die Inhomogenitäten des Filters werden hierbei in einem Simulationsmodell des Filters berücksichtigt, welches in weitere kubische Teilstücke mit jeweils eigenen physikalischen Eigenschaften unterteilt ist.

Neben diesen auf bestimmte Bereiche des Filtervlieses beschränkten Untersuchungen ist für Betrachtungen kompletter Filter festzuhalten, dass die Inhomogenitäten über das Filtervlies in seiner Gesamtheit gleichverteilt sind (vgl. [DL01a]) bzw. erst mit einer Beladung des Filtervlieses mit Ruß zum Tragen kommen. Diese Aussage wird ebenfalls in einer Messung des Faserdurchmessers des in Abb. 5.4 gezeigten Vlieses mit Hilfe eines Messmikroskops an verschiedenen Stellen unterstützt, welche eine gleichbleibende Verteilung der Fasern im Filtervlies zeigt. Weiterhin spiegelt sich in diesen Aufnahmen neben der reinen Verteilung der Feinstdrähte und damit der Packungsdichte des Filtervliese wieder, dass die Faser keinen gleichmäßigen Faserdurchmesser von 22 μm aufweisen, wie durch den Hersteller angegeben. In den durchgeführten Einzelmessungen schwankt der Durchmesser der Faser von 7 μm bis 36 μm, nimmt aber im Mittel aller Messungen einen Wert von ca. 22 μm an. Als Ergebnis der Untersuchung des Filtervlieses ist festzuhalten, dass für die Modellierung des Vlieses von den Herstellerangaben ausgegangen werden kann.

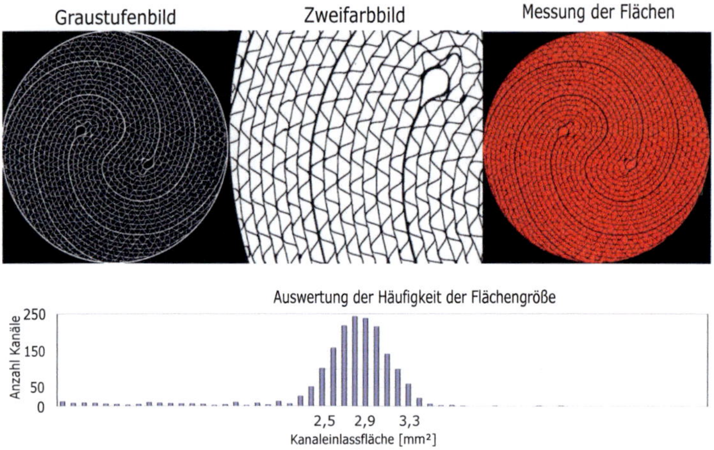

Abb. 5.5: Messung der Verteilung der Kanalflächen auf der Filtereinlassseite

Neben den Filterinhomogenitäten, die aus der Anordnung der Fasern im Vlies herrühren, stellt im vorliegenden Fall des Partikelfilters auch der notwendige Fertigungsprozess der Wicklung eine Quelle für Inhomogenitäten der Filtereigenschaften dar. Messtechnisch ist auf diese Art von Inhomogenitäten zum Beispiel mit der optischen Auswertungen der Größenverteilung der Kanaleinlassflächen auf der Einlassseite des Filters zu schließen. Diese hat im Fall des idealen Simulationsmodells eine Flächen von $2,87\,mm^2$.

In Abb. 5.5 sind die Ergebnisse der Messung dargestellt. Es ist zu erkennen, dass die Verteilung der Kanaleinlassflächen einer Gaußkurve mit einem Maximum bei einer Flächengröße, welche der idealen Größe des Simulationsmodells entspricht. Daher ist davon auszugehen, dass die Wicklung des

Filters zwar lokal einen Einfluss auf die Vlieseigenschaften hat, diese sich aber im Gesamtmodell aufheben.

Die Modellierung eines Aerosolfilters als Gesamtsystem mit makroskopischen sowie mikroskopischen Eigenschaften stellt heutzutage immer noch eine für die Rechentechnik nicht zu lösende Aufgabe dar. Grund hierfür ist, dass nicht gleichzeitig die Vorgänge auf der Nanoebene (Abscheidung von Partikeln an der einzelnen Faser) sowie der Makroebene (Leiten des partikelbeladenen Aerosols in das Filtervlies) diskretisiert und berechnet werden können. So werden bereits bei der Diskretisierung eines Berechnungsgebiets der Größe $1\,cm^3$ $1e^{12}$ Berechnungszellen notwendig, um eine Auflösung von $1\,\mu m^3$ zu erreichen, was jedoch nicht ausreichend ist, die Bewegung einzelner Nanopartikel abzubilden. Diese Tatsache macht eine Abstraktion des Filtervlieses notwendig. Für das zu erstellende Gesamtmodell wird der Faserverbund des Filtervliesstoffes als poröses Medium dargestellt.

Das Modell des porösen Mediums basiert auf dem Gesetz von Darcy [Dar56] und beschreibt für eine laminare Strömung eine direkte Proportionalität zwischen der Strömungsgeschwindigkeit v sowie dem Druckgradienten $\frac{dp}{dx}$ und hat den Vorteil, dass der feine und komplexe Faserverbund des Filtervliesstoffes nicht diskretisiert werden muss.

$$-\frac{dp}{dx} = \frac{\eta}{k_1} \cdot v \tag{5-4}$$

Höhere Durchflussgeschwindigkeiten durch das poröse Medium und die damit einhergehende stärkere Relevanz der Trägheit werden durch die von Forchheimer eingeführte Erweiterung der Darcy-Gleichung berücksichtigt [For05].

$$-\frac{dp}{dx} = \frac{\eta}{k_1} \cdot v + \frac{\rho}{k_2} \cdot v^2 \tag{5-5}$$

Die empirischen Koeffizienten k_1 bzw. k_2 passen die Gleichung an beliebige Vliesstoffe an und sind durch Versuche zu ermitteln. In diesen Versuchen wird mit Hilfe eines Luftdurchlässigkeitsprüfgeräts der Druckverlust über den Vliesstoff bei verschiedenen Geschwindigkeiten gemessen.

In der numerischen Simulation wird das poröse Medium als eine Impulssenke entsprechend der Forchheimer-Gleichung abgebildet. Die neben der Porosität des Filtervlieses γ für die Beschreibung im Strömungslöser benötigten Widerstandskoeffizienten lassen sich mit einer Messung der Durchflussmenge über das poröse Medium der Stärke s in Abhängigkeit der Strömungsgeschwindigkeit u bestimmen. Im Fall eines homogenen, isotropen, porösen Mediums vereinfacht sich der Impulsterm für die Raumrichtung i ([ANS09b, S. 218-220]).

$$S_i = -\left(\frac{\eta}{\alpha} \cdot v_i + C_2 \frac{\rho}{2} \cdot |v|\, v_i\right) \tag{5-6}$$

Aus dem experimentell gemessenen Druckverlust δp über einem Filtervlies der Stärke s in Abhängigkeit der Strömungsgeschwindigkeit v lassen sich die benötigten Koeffizienten mit einem Polynom zweiter Ordnung extrapolieren. Gl. (5-7) beschreibt mit den Koeffizienten $\hat{c}_1$ und $\hat{c}_2$ das Polynom, wobei $\hat{c}_1 = \frac{\eta}{\alpha}$ und $\hat{c}_2 = C_2 \rho$ darstellen.

$$\frac{\Delta p}{\Delta s} = \hat{c}_2\, v^2 + \hat{c}_1\, v \tag{5-7}$$

Die Koeffizienten für das poröse Medium lassen sich dem Anhang (Tab. A.2) entnehmen.

5.4 Berechnung der partikelbeladenen Strömung innerhalb der Filterstrukturen

Die Kenntnis des Strömungsfeldes innerhalb des Filters erlaubt es, mit Hilfe des bereits vorgestellten Discrete Phase Models (DPM) die Partikeltrajektorien, welche die Partikel auf ihrem Weg durch die Filterstrukturen verfolgen, zu berechnen. Ziel der Bestimmung der Partikeltrajektorien ist die Berechnung der Gesamteffektivität des Partikelfilters, die Darstellung der lokalen Partikelablagerungen innerhalb des Filtervlieses sowie die Darstellung der zeitlich abhängigen Rußbeladung des Filters. Die Funktionalität der Filtereffektivitätsberechnung erhält das DPM-Modell durch eine selbst erstellte

User Defined Function (UDF). Für die stationäre Berechnung umfasst die Funktionalität der UDF die Bestimmung der lokalen Partikelpenetration sowie eine die DPM-Berechnung abschließende Bestimmung und Ausgabe der Gesamteffektivität der jeweiligen Partikelbahn. Im transienten Fall nimmt die UDF die aus der stationären Berechnung bekannte, örtliche Beladungsmasse auf und ermittelt, ausgehend von der Beladung das lokale Faserwachstum, die lokale Packungsdichte sowie die lokalen Widerstandskoeffizienten des porösen Mediums. Diese Funktionalität der UDF stellt die Verbindung zwischen den mikroskopischen Betrachtungen im Nanometerbereich, der Umströmung von Partikel um die Einzelfaser und der makroskopischen Betrachtung der Gesamteffektivität des Partikelfilters dar.

Die Berechnung einer Filtereffektivität basiert auf der Verfolgung der den Filter durchströmenden Partikel. Zu diesem Zweck werden im Mittelpunkt der diskretisierten Einlassfläche des Simulationsmodells Partikel injiziert und ihre Trajektorie durch den Filter unter Zuhilfenahme des DPM-Modells berechnet. Die UDF führt in jedem Zeitschritt der Trajektorienberechnung einen Abgleich der Position des Partikels durch. Befindet sich ein Partikel auf seiner Trajektorie durch den Filter innerhalb des Filtervlieses, wird mit der aktuellen, lokalen Geschwindigkeit u_m, der Partikelgröße r_p und der aktuellen Packungsdichte α_s die aktuelle, lokale Einzelfasereffektivität aus der Datenbank interpoliert und mit diesen Werten die Funktion zur Penetrationsberechnung ausgeführt. Die Zusammenfassung der Ergebnisse aller Partikelbahnen stellt die Gesamtpenetration durch den Filter dar.

5.4.1 Definition der Partikelinjektion

Die Berechnung der Penetration setzt die Definition der zu injizierenden Partikel voraus. Für die Berechnung werden mit Hilfe einer typischen Partikelverteilungskurve einer Partikelemissionsmessung eines Dieselmotors, welche im Umfang des Projekts „Partikelfilter-System mit Wärmerückgewinnung“ [EMI12] bei einer Fahrzeuggeschwindigkeit von 50 $\frac{km}{h}$ gemessen wurde, einzelne diskrete Partikelklassen zwischen 30 nm und 600 nm abgeleitet (vgl. Tab. A.3), welche einen repräsentativen Ausschnitt der Größenklassen der

Partikelemissionen darstellen und aufgrund ihrer geometrischen Ausmaße den verschiedenen Abscheidemechanismen obliegen. Die Größenverteilung der emittierten Partikel zeigt folgende Abbildung.

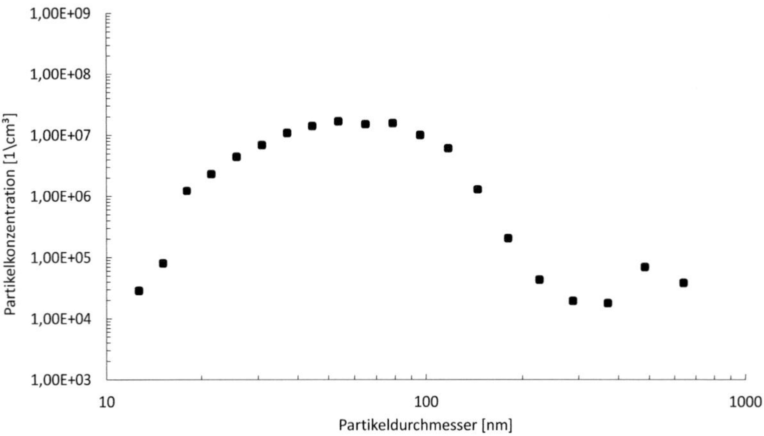

Abb. 5.6: Partikelgrößenverteilung

In der Simulation werden die Partikel als kugelförmige Massenströme angesehen. Der bereits eingeführte Cunningham-Slip-Faktor Cu (vgl. Gl. (2-35)), welcher eine Korrektur der Stokes'schen Widerstandskraft in Abhängigkeit der Knudsen-Zahl Kn auf den Partikel darstellt, wird an dieser Stelle in der Berechnung der Partikelbahnen aufgegriffen. Die Knudsen-Zahl (Gl. (5-9)) stellt dabei das Verhältnis der mittleren freien Weglänge m_{fp} zum Partikelradius $\frac{d_p}{2}$ dar.

$$Cu = 1 + Kn(1,17 + 0,0525e^{-\frac{0,78}{Kn}}) \tag{5-8}$$

$$Kn = 2 \cdot \frac{m_{fp}}{d_p} \tag{5-9}$$

$$m_{fp} = \frac{k_b\,T}{\sqrt{2}\,\pi\,D_m^2(p_{atm} + \Delta p)} \tag{5-10}$$

Weiterhin benötigt das DPM-Modell Größen, die aus der Lösung des stationären Strömungsfeldes bekannt sind, zur endgültigen Definition der Menge aller zu startenden Partikel. Bei diesen Größen handelt es sich um:

- Die Position des Startpunkts des Partikels $(x,\ y,\ z)$
- Den Partikeldurchmesser d_p
- Die Geschwindigkeitskomponenten $(\dot{x},\ \dot{y},\ \dot{z})$ im Punkt $(x,\ y,\ z)$
- Die Partikeltemperatur
- Den flächengewichteten Massenstrom $\dot{m}$.

Die Position $(x,\ y,\ z)$ der einzelnen Partikelinjektionen definiert sich aus den Zellmittelpunkten der diskretisierten Einlassfläche des Filters. Aus der DPM-Konzentration ρ_{DPM} errechnet sich der Massenstrom $\dot{m}$.

$$\dot{m}_{p,\,0} = \rho_{DPM} \cdot \dot{V} = \rho_{DPM} \cdot A_z \cdot |\vec{v}| \tag{5-11}$$

Die DPM-Konzentration ρ_{DPM} ist eine Massenkonzentration und berechnet sich aus der Masse eines Partikels m_p und der in Tab. A.3 festgelegten Partikelkonzentration $n(d_p)$. Die Dichte reines Kohlenstoffs beträgt $2000\,\frac{kg}{m^3}$. Dieser Wert kann jedoch nicht für die in Abgasemissionen auftretenden Partikelagglomerationen von Primärpartikeln (vgl. Kap. 2.1) verwendet werden. Nach [SBG01] liegt die Dichte solcher Partikelagglomerationen zwischen 60 und $400\,\frac{kg}{m^3}$. Die folgenden Berechnungen werden daher mit einem mittleren Wert von

$$\rho_p = 250\,\frac{kg}{m^3} \tag{5-12}$$

durchgeführt.

Die Annahme kugelförmiger Partikel innerhalb des DPM-Modells führt zur Berechnung der DPM-Konzentration in Abhängigkeit des Partikeldurchmessers d_p nach folgender Gleichung.

$$\rho_{DPM}(d_p) = \rho_p \cdot V_p(d_p) \cdot n(d_p) = \rho_p \cdot \frac{1}{6}\pi d_p^3 \cdot n(d_p) \tag{5-13}$$

5.4.2 Zeitliche Diskretisierung der Partikelbahn

Das DPM-Modell übernimmt die Berechnung der neuen Partikelposition $\vec{x}_p$. Nach der Berechnung der neuen Partikelposition erfolgt der Aufruf der UDF-Funktion, in welcher die Berechnung der aktuellen, lokalen Penetration $P = (\vec{x})$ durchgeführt wird. Die berechnete Penetration wird an der Dis-

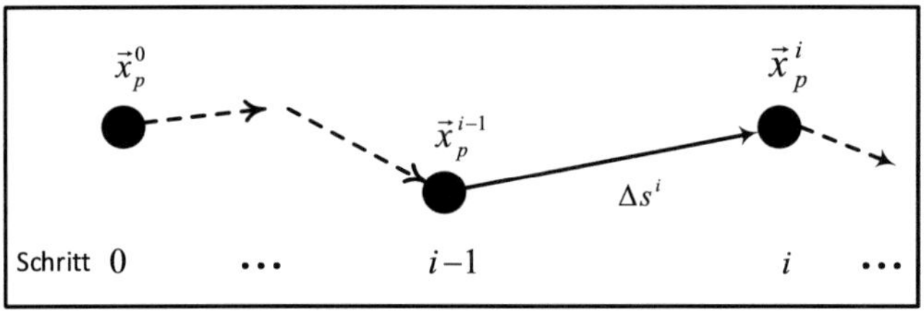

Abb. 5.7: Notation Berechnungsschritte

kretisierungsstelle als benutzerdefinierte, skalare Variable (UDM) über die Bewegung durch das Modell gespeichert. Die Berechnung der Penetration startet mit dem Initialisierungszustand $i = 0$ zum Zeitpunkt $t_p = 0$, an welchem die Einzelfasereffektivität $\eta_p(\vec{x}_p, 0)$ gesetzt und die Partikelposition $\vec{x}_p$ zwischengespeichert wird. Die Anfangspenetration $P^0_{p,total}$ ist eins, das heißt $100\,\%$ der injizierten Partikelmasse ist noch in der Partikelgruppe enthalten.

$$P^0_{p,\,total} = 1 \tag{5-14}$$

Penetration

Befindet sich ein Partikel auf seiner Trajektorie innerhalb eines porösen Körpers, wird unter Anwendung der Ergebnisse der CUDA-Simulation (vgl. Kap. 4) die Penetration nach Gl. (2-8) und Gl. (2-6) für den zurückgelegten Weg des Partikels berechnet. Die im porösen Filtervlies zusammengefasste, spezifische Gesamtlänge der Fasern im Einheitsvolumen l_{fv} ist konstant und ändert sich auch mit der Beladung des Filters nicht.

Die Effektivität der beladenen Einzelfaser η_s ist in den CUDA-Berechnungen auf den Durchmesser der unbeladenen Faser d_f bezogen. Daher ist es notwendig, die Effektivität mit dem Faktor $\frac{d_f}{d_{fm}}$ zu korrigieren, so dass die CUDA-Effektivität definitionsgemäß auf den Durchmesser der beladenen Faser d_{fm} bezogen ist.

$$\eta_s = \eta_s' \cdot \frac{d_f}{d_{fm}(\vec{x})} \tag{5-15}$$

Mit Gl. (2-8) und Gl. (2-9) sowie der korrigierten Schichteffektivität der beladenen Faser η_{Lm}' folgt eine vom Ort unabhängige Querschnittsfläche $d_f \cdot f_{fv}$.

$$\eta_{Lm}' = \eta_s' \frac{d_f}{d_{fm}(\vec{x})}\, d_{fm}(\vec{x})\, l_{fv} = \frac{4\alpha}{\pi d_f}\eta_s' \tag{5-16}$$

Im Falle der Penetration muss dieser Vorfaktor nicht berücksichtigt werden, was die Anzahl der Variablen in der Berechnung des Integrals reduziert.

$$P_{total}(s) = e^{\left(-\frac{4\,\alpha}{\pi\,d_f}\int\limits_0^s \eta_s'(r_p,\, u_m(\vec{x}),\, \alpha_s(\vec{x}))\; d|\vec{x}|\right)} \tag{5-17}$$

Wie bereits erläutert, beträgt die Penetration der injizierten Partikelgruppe (Index p) am Trajektorienstart den Wert eins und besteht noch zu 100 % ihrer Anfangspartikelmasse. Auf ihrem Weg durch das poröse Medium nimmt die Penetration exponentiell ab. Die Gesamteffektivität setzt sich dann aus der Zusammenfassung des Exponenten des Integrals aus Gl. (5-17) gegenüber dem Partikelstrom $\eta_{p,total}^i$ zusammen.

$$P_{p,\,total}^i(s) = e^{\left(-\eta_{p,\,total}^i\right)} = e^{\left(-\eta_{p,\,total}^{i-1} - \Delta\eta_p^i\right)} = P_{p,\,total}^{i-1} \cdot P_p^i \tag{5-18}$$

Die Gesamtpenetration $P_{p,total}^i$ im Zeitpunkt i lässt sich mit der Zerlegung des Integrals in eine Produktreihe der Einzelpenetrationen P_p^k ausdrücken, wobei P_p^k lediglich die Exponentialfunktion mit der Änderung der Lösung des Integrals $\Delta\eta_p^k$ entsprechend des Integrationsschemas dargestellt wird.

$$P_{p,\,total}^i = \prod_{k=0}^{i} P_p^k = \prod_{k=0}^{i} e^{\left(-\Delta\eta_p^k\right)} \tag{5-19}$$

Einzelfasereffektivität

Für die Berechnung der Partikelpenetration nach Gl. (5-18) entlang einer Bahnkurve wird die Gesamteffektivität jeder Partikelgruppe $\eta^i_{p,\,total}$ über das Integral des Weges mit der Schrittweite Δs_p berechnet. Die Gesamteffektivität der Partikelbahn im aktuellen Zeitschritt $\eta^i_{p,\,total}$ ergibt sich nach Gl. (5-21) mit dem bekannten Wegschritt Δs^i_p des Partikels nach Gl. (5-20). Demzufolge ändert sich die Gesamteinzelfasereffektivität im aktuellen Zeitschritt um den Wert $\Delta\eta^i_{s,\,total}$.

$$\Delta\, s^i_p = \left|\vec{x}^i_p - \vec{x}^{i-1}_p\right| \tag{5-20}$$

Das Integral wird mit einem expliziten, numerischen Integrationsverfahren zweiter Ordnung mit folgenden Formeln gelöst. Dabei stellt i den aktuellen Zeitschritt dar. Das Verfahren nutzt den vorhergehenden Berechnungsschritt η^{i-1}_p.

$$\eta^i_{p,\,total} = \eta^{i-1}_{p,\,total} + \Delta\,\eta^i_p \tag{5-21}$$

$$\Delta\eta^i_p = \frac{\Delta s^i_p}{2}(\eta^{i-1}_p + \eta^i_p) = \frac{4\,\alpha}{\pi\, d_f}\,\frac{\Delta s^i_p}{2}(\eta'^{i-1}_s + \eta'^i_s) \tag{5-22}$$

Die Gesamteinzelfasereffektivität $E^i_{p,\,total}$ bis zum aktuellen Zeitschritt i lässt sich ebenfalls als Summe aus i Berechnungsschritten formulieren.

$$E^i_{p,\,total} = E^0 + \sum_{k=1}^{i} \Delta E^k_{p,\,total} = E^0 + \sum_{k=1}^{i} \frac{\Delta s^k_p}{2}(E^{k-1}_p + E^k_p) \tag{5-23}$$

5.4.3 Interpolation der Einzelfasereffektivität

Im diskreten Kontrollvolumen innerhalb eines porösen Mediums wird die aktuelle, lokale Einzelfasereffektivität $\eta_s(r_p,\, u_0,\, \alpha_s)$ über den konstanten Partikelradius r_p der Partikelgruppe, der aktuellen, lokalen Strömungsgeschwindigkeit u_m sowie der aktuellen, lokalen Packungsdichte α_s über die Ergebnisse der CUDA-Berechnung interpoliert.

Die Interpolation der Einzelfasereffektivität $\eta_s(u_m, r_p, \alpha_s)$ erfolgt nach dem aktuellen Partikelradius r_p,

$$r_p = \left\{ r_p \in \Re \,\middle|\, 5 \times 10^{-9} m \leq r_p \leq 5 \times 10^{-6} m \right\} \tag{5-24}$$

der aktuellen, lokalen Partikelgeschwindigkeitsamplitude $\left|\vec{\dot{x}}_p\right| = u_m$,

$$u_m = \left\{ u_m \in \Re \,\middle|\, 1 \times 10^{-3} \frac{m}{s} \leq u_m \leq 1 \times 10^{-1,5} \frac{m}{s} \right\} \tag{5-25}$$

sowie der aktuellen, lokalen Packungsdichte α_s

$$\alpha_s = \left\{ \alpha_s \in \Re \,\middle|\, 0,21 \leq \alpha_s \leq 1 \right\}. \tag{5-26}$$

Dazu werden die Effektivitäten $\eta_{s,1}(r_p, u_m, \alpha_1)$ sowie $\eta_{s,2}(r_p, u_m, \alpha_2)$ der oberen und unteren Begrenzung der Packungsdichte (α_1 und α_2) aus den vier in der Datenbank erhaltenen Randpunkten $\eta_{s,ijk}(u_i, r_{p,j}, \alpha_k)$ um den Interpolationspunkt $\eta_s(u_m, r_p, \alpha_s)$ mit Hilfe einer bivariaten Interpolation über den aktuellen Partikelradius r_p und die aktuelle, lokale Geschwindigkeit u_m berechnet. Eine lineare Interpolation über die aktuelle Packungsdichte α_s liefert anschließend die gesuchte, aktuelle, lokale Einzelfasereffektivität $\eta_s(r_p, u_m, \alpha_s)$.

Die bivariate Interpolation mit äquidistanten Abständen für die zunächst zu findenden Einzelfasereffektivitäten $\eta_{s,1}(u_m, r_p, \alpha_1)$ und $\eta_{s,2}(u_m, r_p, \alpha_2)$ erfolgt nach Gl. (5-29) mit den Verhältnissen p und q nach [AS72, S. 882] des gesuchten Interpolationspunktes zwischen den Randpunkten.

$$p = \frac{log\, r_p - log\, r_{p,1}}{log\, r_{p,2} - log\, r_{p,1}} \tag{5-27}$$

$$q = \frac{log\, u_m - log\, u_1}{log\, u_2 - log\, u_1} \tag{5-28}$$

$$\begin{aligned} &\eta_{s,j}(u_m, r_p) = \\ &(1-p)(1-q)\eta_{s,11} + p(1-q)\eta_{s,21} + (1-p)q\eta_{s,12} + pq\eta_{s,22} \end{aligned} \tag{5-29}$$

Die die Berechnung abschließende, lineare Interpolation der gesuchten, aktuellen, lokalen Einzelfasereffektivität $\eta_s(r_p, u_m, \alpha_s)$ wird unter Zuhilfenahme der beiden Stützpunkte $\eta_{s,1}(r_p, u_m, \alpha_1)$ und $\eta_{s,2}(r_p, u_m, \alpha_2)$ nach folgender Gleichung ermittelt [AS72, S. 881].

$$\eta_s(\alpha_s) = \eta_s(\alpha_1) + \frac{\eta_s(\alpha_2) - \eta_s(\alpha_1)}{\alpha_2 - \alpha_1}(\alpha_2 - \alpha_1) \tag{5-30}$$

5.4.4 Gesamtabscheideeffektivität

Aus der Summe aller berechneten Gesamteinzelpenetrationen der Partikelbahnen $P^i_{p,\,total}$, wie sie in Kap. 5.4.2 vorgestellt sind, und den bekannten Massenströmen berechnet sich der anfangsmassenstromgewichtete, penetrierte Massenstrom $P^i_{p,\,total} \cdot \dot{m}^0_p$, welcher in Relation zur Summe aller einströmenden Massenströme die Gesamtabscheideeffektivität des Filters η_F ergibt.

$$\eta_F = 1 - P_{total} = 1 - \frac{\sum_p P^i_{p,\,total} \cdot \dot{m}^0_p}{\sum_p \dot{m}^0_p} \tag{5-31}$$

5.4.5 Massenabscheidung des Partikelstroms

Die Kenntnis der Penetration der Partikelgruppe erlaubt es, die Massenabscheidungsrate des Partikelstroms zu berechnen. Nach Gl. (2-3) stellt die Penetration das Verhältnis der Partikelanzahl nach dem Filter zur Partikelanzahl vor dem Filter dar. Dies ist ebenfalls durch das Verhältnis der ein- und austretenden Partikelmassenströme ($\dot{m}_{p,\,in}$ bzw. $\dot{m}_{p,\,out}$) darstellbar.

$$P_p(s) = \frac{n_{p,\,out}}{n_{p,\,in}} = \frac{\dot{m}_{p,\,out}}{\dot{m}_{p,\,in}} = 1 - \frac{\Delta\dot{m}_p}{\dot{m}_{p,\,in}} \tag{5-32}$$

Das Produkt aus Eingangsmassenstrom und Filterwirkungsgrad $\eta_p = 1 - P_p$ ist somit die Massenabscheidungsrate einer Partikelbahn $\Delta\dot{m}_p$. Für einen Massenaustausch vom Partikelstrom in das Filtermedium ist die Massenabscheidungsrate positiv.

$$\Delta\dot{m}_{p,\,total}(s_p) = \dot{m}_{p,\,in} \cdot (1 - P_{p,\,total}(s_p)) \tag{5-33}$$

Der penetrierte Massenstrom $\dot{m}_p^i$ zum Zeitpunkt i

$$\dot{m}_p^i = \dot{m}_p^0 \cdot P_{p,\,total}^i \tag{5-34}$$

zusammen mit der diskretisierten Penetrationsgleichung (Gl. (5-19)) ergibt die Massenabscheidungsrate $\Delta\dot{m}_p^i$.

$$\Delta\dot{m}_p^i = \dot{m}_p^{i-1} - \dot{m}_p^i = \dot{m}_p^{i-1}\,(1 - P_p^i) = \dot{m}_p^0\,P_{p,\,total}^{i-1}\,(1 - P_p^i) \tag{5-35}$$

5.4.6 Örtliche Diskretisierung

Ein Ziel der Effektivitätsberechnungen ist es, die Beladung des Filters darzustellen. Eine Beurteilung des Beladungszustands setzt die Kenntnis der lokalen Massenabscheidung innerhalb des Filtervlieses voraus. Während der Berechnung der Partikelbahnen auf ihrem Weg durch das Modell wird die zeitlich diskretisierte Massenabscheidungsrate zunächst für eine Partikelbahn (Index c, p) und ebenfalls für eine beliebige Anzahl von Trajektorien (Index c) lokal diskretisiert. Zum aktuellen Zeitschritt i der Partikelbahnberechnung wird die Zelle c über die Partikelposition ($\vec{x}_p(t)$) identifiziert. Im Gegensatz zu den bisherigen Gleichungen ist der von Partikelzeitschritt zu Partikelzeitschritt zurückgelegte Wegabschnitt (s_p) von Bedeutung.

5.4.7 Lokale Penetration

Die lokale Penetration ist eine Größe, welche sich innerhalb eines Kontrollvolumens des diskretisierten Filtervlieses über den Wegabschnitt s_p der Partikelbahn berechnet. Daher ist die lokal diskretisierte Penetration $P_{c,\,p}$ mit folgender Gleichung beschreibbar.

$$P_{c,\,p,\,total} = e^{-\frac{4\,\alpha}{\pi\,d_f}\cdot\int_{s_p} E(\dot{\vec{x}}_p(\vec{x}_p,t),\,d_p)ds_p} \tag{5-36}$$

Innerhalb einer diskretisierten Volumenzelle ist die Gesamtpenetration über die Produktreihe der bekannten Einzelschnittpenetrationen (vgl. Gl. (5-18)) einer Partikelbahn P_p^i für die Wegschritte Δs_c^i innerhalb eines

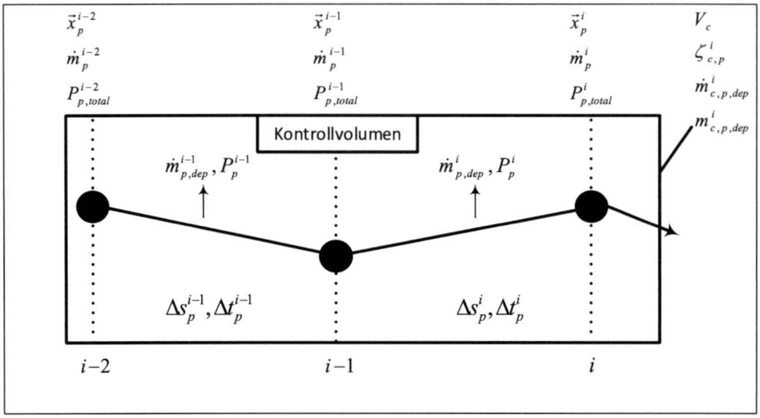

Abb. 5.8: Notation der Berechnungsschritte innerhalb eines Kontrollvolumens zur zeitlichen und örtlichen Diskretisierung

Kontrollvolumens V_c definiert.

$$P^i_{c,\,p,\,total} = \prod_{s_p} P^i_p \tag{5-37}$$

Im Falle der seriell berechneten Partikelbahnen wird die Produktreihe (Gl. (5-37)) um eine zusätzliche Produktreihe für alle das Kontrollvolumen V_c durchströmende Partikelbahnen erweitert. Die Anfangsgesamtpenetration $P^0_{c,\,total}$ jeder Zelle ist eins.

$$P^i_{c,\,total} = \prod_{p} P^i_{c,\,p,\,total} = \prod_{p}\prod_{s_p} P^i_p \tag{5-38}$$

5.4.8 Lokale Massenabscheidungsrate

Queren Partikelbahnen das Modell, diskretisiert der Löser die zeitlich diskretisierte Massenabscheidungsrate erst für eine Partikelbahn (Index c, p) und danach über eine beliebige Anzahl von Trajektorien (Index c) lokal. Im aktuellen Partikelzeitschritt i wird die aktuelle Zelle c mit der Partikelposition $\vec{x}_p(t)$ erkannt.

Die lokale Massenabscheidungsrate einer Partikelbahn $\Delta\dot{m}_{c,\,p}$ wird über alle Wegschritte eines Partikels innerhalb des diskreten Kontrollvolumens Δs_p aus der zeitlich diskretisierten Massenabscheidungsrate $\Delta\dot{m}_p$ aufsummiert. Die berechnete Summe über die das jeweilige Kontrollvolumen durchströmenden Partikelbahnen stellt die lokale Massenabscheidungsrate $\Delta\dot{m}_c$ dar. Die Massenabscheidungsrate ist abhängig von der Größe des Kontrollvolumens.

$$\Delta\dot{m}^i_{c,\,p} = \sum_{(s_p)} \Delta\dot{m}^i_p \tag{5-39}$$

$$\Delta\dot{m}^j_c = \sum_p \Delta\dot{m}^i_{c,\,p} = \sum_p \sum_{(s_p)} \dot{m}^i_p \tag{5-40}$$

Eine Normierung der lokalen Massenabscheidungsrate $\Delta\dot{m}_c$ auf die Größe des diskreten Kontrollvolumens V_c sowie die Beschreibung der Massenabscheidung in einer Sekunde erfolgt mit der mittleren Beladungsrate $\dot{\xi}$.

$$\dot{\xi}^i_c = \frac{1}{V_c}\dot{m}^j_{c,\,dep} \tag{5-41}$$

5.5 Transiente Berechnung der Beladung des Filters

Aufgrund der Durchströmung des Filters werden Partikel aus dem Aerosol abgeschieden. Dieser Vorgang wird mit Hilfe der bekannten Einzelfasereffektivität nach Gl. (2-10) und Gl. (2-6) beschrieben. Mathematisch stellen die Gleichungen die Berechnung der Massenabscheidungsrate $\Delta\dot{m}$ aus dem Partikelmassenstrom $\dot{m}$ und der Mengenbilanz beider Massenströme dar. Das Integral aus der Massenabscheidungsrate über die Länge der transienten Zeitschritte ergibt folglich die abgeschiedene Masse Δm.

$$\Delta m = \int \Delta\dot{m} dt \tag{5-42}$$

Mit der Beladung ändern sich die Strömungseigenschaften des Filters in den Bereichen, in denen Partikel abgeschieden werden. Die transiente

Beschreibung der Beladung macht es daher notwendig, lokal diese Stellen zu identifizieren und in Abhängigkeit der lokal abgeschiedenen Masse die strömungsbeinflussenden Eigenschaften des Filtervlieses zu berechnen und zu aktualisieren. Bei diesen Eigenschaften handelt es sich um die Packungsdichte und den Druckverlust. Diese das Filtervlies beschreibenden Größen müssen zu jedem Simulationszeitpunkt j bestimmt, aktualisiert und ein aktualisiertes, quasi-stationäres Strömungsfeld berechnet werden. Eine Aneinanderreihung dieser stationären Zustände ergibt die zeitlich abhängige Berechnung der Beladung des Filters. Innerhalb dieser Zeitschritte wird die lokale Massenabscheidungsrate über das DPM-Modell berechnet und abschließend die lokalen Eigenschaften des Filtervlieses aktualisiert.

Faserwachstum

Die durch die Effektivität des Filters abgeschiedenen Partikel lagern sich an den Fasern des Filters ab und formen komplexe Strukturen in Abhängigkeit der vorherrschenden Strömungsbedingungen und Filterkonditionen ([KEHM86, KH90]). Die Ablagerungen werden Bestandteil der Filterstruktur und können lokal die Effektivität des Filters erhöhen ([KEM80, KSMH09]). Darüber hinaus führen die Ablagerungen zu einer lokalen Erhöhung der Packungsdichte α. Eine exakte Abbildung der sich bei verschiedenen Filterkonditionen und Strömungsbedingungen bildenden Strukturen ist mit Verwendung des Modells des porösen Mediums nicht möglich. Wie bereits in Kap. 2.5 gezeigt, wird vereinfacht ein radial, konzentrisches Faserwachstum angenommen, welches sich bei allen Filterkonditionen und Strömungsbedingungen über alle Fasern des Kontrollvolumens verteilt, bis eine komplette Beladung der Zelle erreicht ist. Der Faserdurchmesser lässt sich als Funktion der Porosität der abgelagerten Strukturen darstellen. [Opr97]

Lokale Beladung

In Kap. 5.4.8 wird die lokale Massenabscheidungsrate $\Delta\dot{m}_c^j$ eingeführt, mit der über den Zeitschritt Δt die Beladungsmasse m_c^j aller das Kontrollvolumen durchströmenden Partikelbahnen berechnet wird. Die numerische Integration erfolgt mit einem Verfahren erster Ordnung für den neuen Zeitschritt j. Aus der vorhergehenden, quasi-stationären DPM-Berechnung ist die Lösung der lokalen Massenabscheidungsrate $\Delta\dot{m}_c^j$ bekannt, so dass vermieden werden kann, dass das Kontrollvolumen eine Packungsdichte größer als eins erreichen.

$$m_c^j = m_c^{j-1} + \Delta t \; \Delta \dot{m}_c^j \tag{5-43}$$

Aufgrund der Annahme des Faserwachstumsmodells verteilt sich die abgelagerte Masse gleichmäßig über Länge und Umfang der Fasern im Kontrollvolumen.

Lokale Packungsdichte

Das Faserwachstumsmodell geht von einem lokalen Anwachsen der Fasern in einem Kontrollvolumen aus. Aus diesem Anwachsen der Fasern lässt sich auf die Packungsdichte im Kontrollvolumen anhand der Beladungsmasse schließen. Innerhalb des Kontrollvolumens V_c erhöht das aktuelle Volumen der Beladungsmasse $V_{m,\,c}^j$ die Packungsdichte α. Der aus der Beladungsmasse resultierende, äquivalente, lokale Faserdurchmesser $d_{fm,\,c}^j$ dient ebenfalls der Berechnung des Gegendrucks.

$$V_{m,\,c}^j = \frac{m_c^j}{\rho_p \alpha_p} \tag{5-44}$$

Die bei der Anlagerung der Partikel an die Faser entstehenden Hohlräume werden mit einer anpassbaren Packungsdichte α_b berücksichtigt. Im vorliegenden Fall wird für α_b die dichteste Kugelpackung angenommen. Die lokale Packungsdichte α_c^j und der lokale Faserdurchmesser $d_{fm,\,c}^j$ werden lokal in jedem Zeitschritt neu berechnet.

$$\alpha_c^j = \alpha_0 + \frac{V_{m,\,c}^j}{V_c} \tag{5-45}$$

$$d_{fm,\,c}^j = \sqrt{\frac{\alpha_c^j}{\alpha_0}}\, d_f \tag{5-46}$$

Transienter Druckverlust

Die wichtigste Größe zur Beschreibung poröser Medien in $3D$ Strömungssimulationen ist der sich bei der Durchströmung des porösen Mediums einstellende Druckverlust. Eine transiente Beschreibung von Filtern macht es daher unabdingbar, lokal die Veränderung des Gegendruckverhaltens bei steigender Beladung zu berücksichtigen. Kap. 5.3 beschreibt das poröse Medium mit Hilfe des Gesetzes von Darcy (vgl. Gl. (5-4)) für laminare Vliesdurchströmungen sowie für höhere Geschwindigkeiten mit der Forchheimer-Gleichung (vgl. Gl. (5-5)).

Unter der Annahme, dass die Filterkonditionen sich während der quasistationären Zeitschritte nicht ändern können, werden lokal für radial wachsende Fasern Gleichungen verwendet, welche aus der Summe der Widerstände kreisförmiger Fasern in der Strömung abgeleitet werden. Zu diesen Gleichungen gehört zum Beispiel die semi-empirische Gleichung von Davis [Dav73], welche bereits oft und mit guter Übereinstimmung verwendet wurde. Diese nach dem Gesetz von Darcy nur für laminare Strömungen bei niedrigen Geschwindigkeiten geltende Gleichung umfasst jedoch nur den linearen Geschwindigkeitsanteil. Löffler [Loe88] gibt eine Gleichung an, welche neben dem linearen Anteil auch den quadratischen Anteil der Widerstandsgleichung verwendet. Diese Gleichung wurde bereits von Cagna [Cag03] mit dem Zweck der Simulation eines Tiefenfilters verwendet.

$$-\frac{dp}{dx} = \frac{2}{\pi}\frac{C_1}{d_f^2}\frac{1-\gamma}{\gamma}\eta\, u + \frac{2}{\pi}\frac{C_2}{d_f}\frac{1-\gamma}{\gamma^2}\,\rho\, u^2 \tag{5-47}$$

Im Falle eines homogenen, unbeladenen Filters gibt diese Gleichung den Druckverlust mit einem Fehler von unter $10\,\%$ an [Loe88, S. 198]. Die empirischen Faktoren C_1 und C_2 sind hierbei mit folgenden Werten angegeben.

$$C_1 = 10 \qquad\qquad C_2 = 1,5 \tag{5-48}$$

Die beiden Widerstandskoeffizienten der im Filter verwendeten Fasermatten sind bereits in Kap. 5.3 ermittelt worden. Anhand dieser Ergebnisse lässt sich Gl. (5-47) anpassen, da die in [Loe88] angegebenen empirischen

Koeffizienten zu einer stark abweichenden Druckverlustkurve gegenüber den Messdaten führt.

$$C_1 = 40,9 \qquad\qquad C_2 = 2,95 \tag{5-49}$$

Der Druckverlust steigt für Packungsdichten von $\alpha \rightarrow 1$ gegen unendlich und ist für steigende Strömungsgeschwindigkeiten den Messdaten der verwendeten Filtermatten angepasst. Eine Validierung erfolgt später mit der Nachrechnung eines Modellversuchs der verwendeten Filtermatten.

5.6 User Defined Function

Die User Defined Function, welche die zusätzliche Funktionalität der Effektivitätsberechnung des DPM-Modells ermöglicht, ist eine C-Routine. Die UDF, welche die vorgestellten Gleichungen zur Beschreibung des Filters aufnimmt und die lokale Effektivität und die lokalen Rußablagerungen berechnet, wird in mehreren Unterroutinen diskretisiert und speichert die berechneten Ergebnisse in lokalen User Defined Memory Variablen (UDM).

Nach Initialisierung der Startparameter beginnt die transiente Berechnung mit der konvergierten Lösung des quasi-stationären Strömungsfeldes. Dabei werden die Porosität sowie die lokalen Widerstandskoeffizienten des porösen Mediums durch die UDF bestimmt, als Profil vorgegeben und bis zur Konvergenz berechnet.

Dies bedeutet, dass das Strömungsfeld innerhalb eines quasi-stationären Zeitschritts konstant bleibt. Nach Erreichen der Konvergenz wird die Partikelbahnverfolgung mit dem DPM-Modell gestartet und die UDF übernimmt die Berechnung der lokal abgeschiedenen Massen innerhalb der jeweiligen Kontrollvolumen.

Den Abschluss des quasi-stationären Zeitschritts stellt die Aktualisierung der lokalen Größen Porosität, Widerstandskoeffizienten des porösen Mediums und lokaler, beladener Faserdurchmesser dar. Mit den aktualisierten Größen startet der nächste Zeitschritt mit der Berechnung des Strömungsfeldes bis zur Konvergenz.

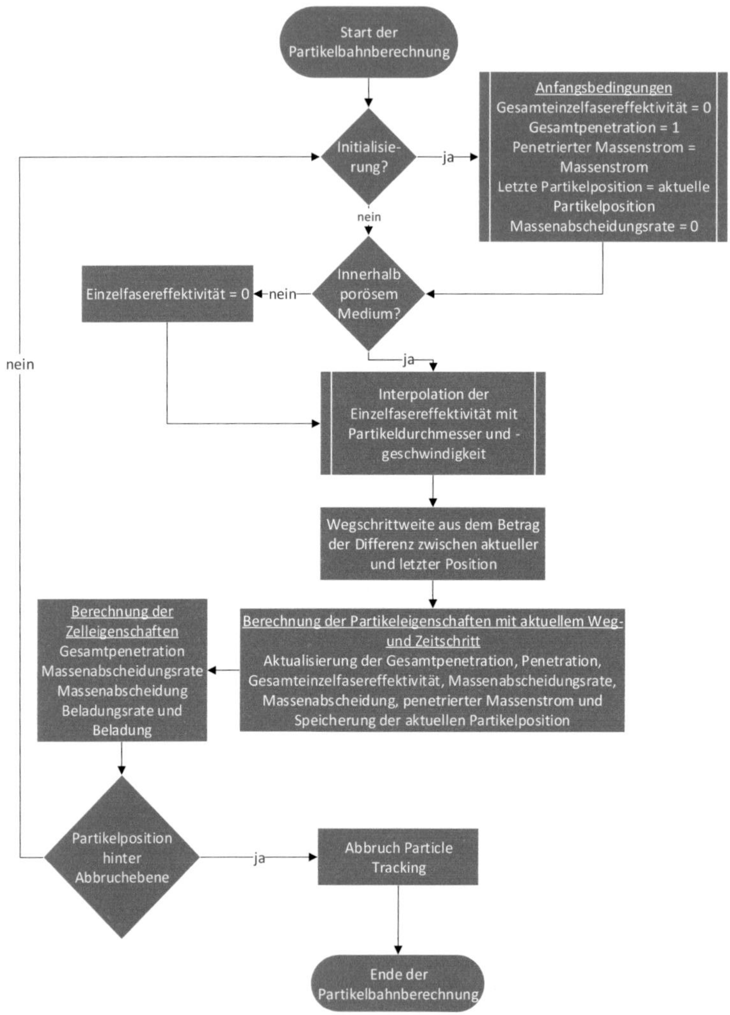

Abb. 5.9: Programmablaufplan zur Erweiterung der Effektivitätsberechnung

Den Ablauf der UDF zur Berechnung der Penetration der einzelnen Partikelbahnen innerhalb der jeweiligen Kontrollvolumen gibt Abb. 5.9 wieder. Die vorstellte Methodik kann beliebig oft hintereinander durchlaufen werden und es können innerhalb der transienten Berechnung die Randparameter verändert oder beeinflusst werden, so dass verschiedene Betriebsszenarien abgebildet werden können. Langzeitstudien zur Charakterisierung des Verhaltens des beladenen Filters können so wiedergegeben werden.

Kapitel 6

Stationäre Berechnung des Partikelfilters

6.1 Analyse stationärer Ergebnisse

Dieses Kapitel widmet sich der Berechnung des Initialzustands des Partikelfilters und umfasst neben der Berechnung des stationären Strömungsfeldes auch die Berechnung der Initial-Effektivität des unbeladenen Filters. Neben der Berechnung der Effektivität und der Strömungsfelder zeigt das Kapitel eine Plausibilisierung des Berechnungsansatzes mit Hilfe von Particle Image Velocimetry Versuchen, welche experimentell das Strömungsfeld innerhalb des Partikelfilters wiedergeben und so einen Vergleich zwischen simuliertem und realem Strömungsfeld ermöglichen. Die Berechnungen des Strömungsfeldes werden für $4\ \frac{m}{s}$ und $20\ \frac{m}{s}$ bei einer Temperatur von $400\ {}^{\circ}C$ durchgeführt, was einer hohen und einer niedrigen Geschwindigkeit bei typischen Abgastemperaturen entspricht, wie sie im realen Betrieb des Partikelfilters am Einlass des Filters auftreten. Das strömende Fluid wird über die Angleichung der Dichte ρ und der dynamischen Viskosität η entsprechend der Temperatur angepasst. Weiterhin sind diese Geschwindigkeiten so gewählt, dass verschiedene Effekte der Filtration (vgl. Kap. 2.4) abgebildet werden können. Auf die Wichtung lokaler Geschwindigkeitsvektoren auf der Anströmfläche des Filtermodells wird verzichtet, da aufgrund der Einbausituation modernder DPF Systeme nach dem Katalysator von gleichverteilten Strömungsvektoren ausgegangen wird.

6.1.1 Statisches Druckfeld

Die Auswertung des Gegendruckverhaltens der berechneten Strömungsfelder mit den im Anhang aufgeführten Randparametern zeigt ein erwartungsgemäßes Bild. Im Falle höherer Eingangsgeschwindigkeiten stellt sich ein höherer Druckverlust über den Verlauf des Filters ein. Weiterhin nimmt aufgrund des am Auslass anliegenden Umgebungsdrucks der statische Druck in Strömungsrichtung stetig bis zum Wert des Umgebungsdrucks ab. Die jeweilige Schaufelanordnung bewirkt zudem für das 1-Lagenmodell einen über das gesamte Berechnungsgebiet gleichmäßigen Druckverlust, wobei jeweils der Einfluss der Einzelzellen erkennbar ist.

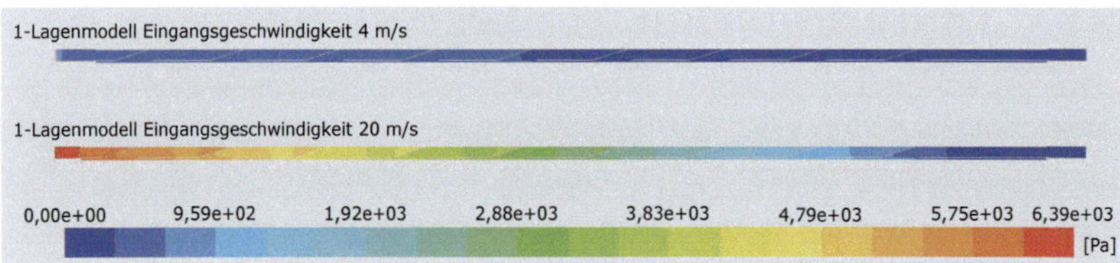

Abb. 6.1: Darstellung des Druckverlusts über das 1-Lagenmodell bei Eingangsgeschwindigkeiten von $4\,m\,s^{-1}$ und $20\,m\,s^{-1}$

Im Gegensatz dazu zeigt das 9-Lagenmodell den Einfluss der unterschiedlichen Randbedingung an der oberen und unteren Grenze des Berechnungsgebiets sowie der andersartigen Schaufelausrichtung. Im Falle des 9-Lagenmodells sind diese Randbedingungen als Wand ausgeführt, so dass an diesen Stellen kein Fluid durchströmen kann.

Diese Eigenschaft zeigt sich deutlich in einem sehr hohen Gegendruck, welcher durch ein Anstauen des Fluids generiert wird und erwartungsgemäß

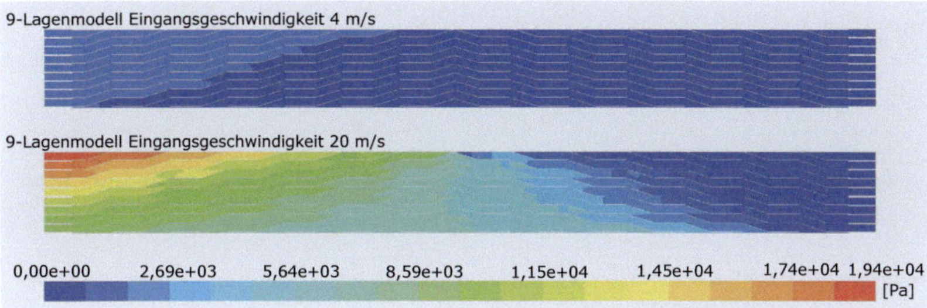

Abb. 6.2: Darstellung des Druckverlusts über das 9-Lagenmodell bei Eingangsgeschwindigkeiten von $4\,m\,s^{-1}$ und $20\,m\,s^{-1}$

Tab. 6.1: Durchschnittlicher generierter Gegendruck der beiden Filterkonstruktionen an der Einlassfläche

Eingangsgeschwindigkeit $v\,[\frac{m}{s}]$	1-Lagenmodell	9-Lagenmodell
4	$724,1889\,Pa$	$1329,17\,Pa$
20	$6231,525\,Pa$	$13088,308\,Pa$

in der Einlassebene der obersten Lage am höchsten ist und nach unten hin abnimmt. Der Wechsel der Schaufelausrichtung in der Mitte des Modells bewirkt einen drastischen Abbau des Gegendrucks, bis er, spiegelsymmetrisch zum Aufbau des Gegendrucks, dem an der Auslassfläche anliegenden Umgebungsdruck entspricht. Allgemein zeigt sich, dass das 9-Lagenmodell aufgrund der Schaufelausrichtung der einzelnen Zellen und der um vier Zellen längeren Geometrie (vgl. Abb. 5.2 bzw. Abb. 5.3) einen höheren Druckverlust generiert (vgl. Tab. 6.1).

6.1.2 Geschwindigkeitsfeld im Partikelfilter

Entsprechend dem Gegendruck ist der Betrag der Strömungsgeschwindigkeiten darstellbar. Abb. 6.3 stellt die Geschwindigkeiten in der Mittelebene des 1-Lagenmodells dar. Wird das 1-Lagenmodell betrachtet, ist die Geschwindigkeitsverteilung in den einzelnen Zellen gleich ausgeprägt.

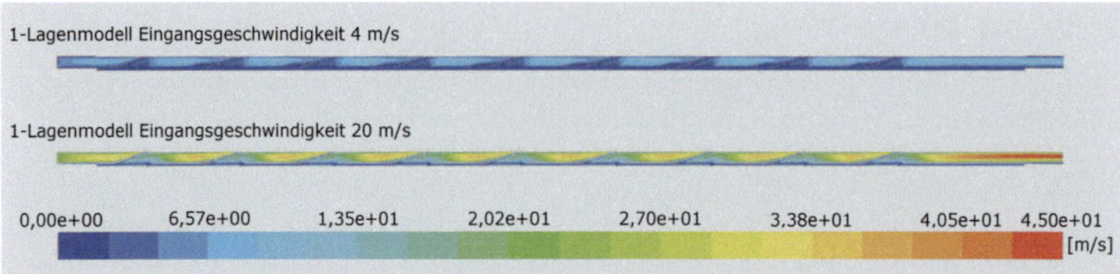

Abb. 6.3: Darstellung des Geschwindigkeitsfeldes über das 1-Lagenmodell bei Eingangsgeschwindigkeiten von $4\,m\,s^{-1}$ und $20\,m\,s^{-1}$

Innerhalb der einzelnen Zellen zeigen sich die Einflüsse der eingeprägten Schaufeln, welche das Abgas in die Filtervlieslage lenken und geometrisch durch die Verengung des Strömungsquerschnittes lokal das Fluid im Bereich über der Schaufel beschleunigen. Darüber hinaus ist das Filtervlies mit erheblich niedrigeren Geschwindigkeiten, welche auf der Eigenschaft des porösen Mediums beruhen, erkennbar. Der Grad der Herabsetzung der Geschwindigkeiten innerhalb des Filtervlieses ist in Abb. 6.4 gezeigt.

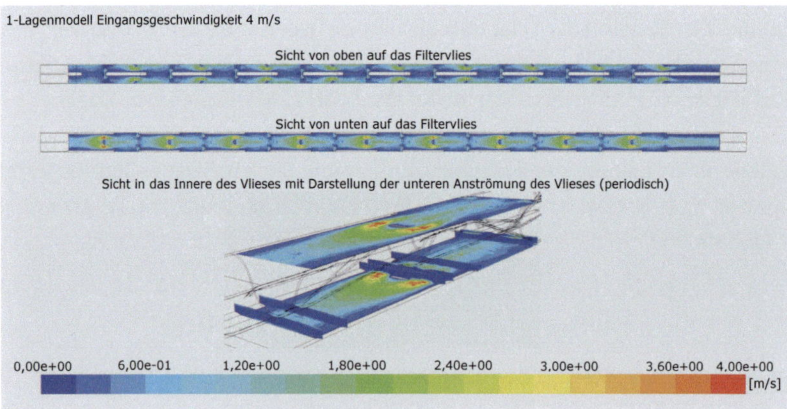

Abb. 6.4: Darstellung des Geschwindigkeitsfeldes über das 1-Lagenmodell innerhalb des Filtervlieses bei einer Anströmgeschwindigkeit von $4\,m\,s^{-1}$

Die Darstellung der Eingangsgeschwindigkeit in die Ober- und Unterseite des Filtervlieses zeigt, ebenso wie die Darstellung des Strömungsfeldes, die Einflüsse der Schaufelgeometrie. Weiterhin ist die Wirkung der Bypassflächen (vgl. Abb. 5.1) zu sehen. Mit der Verengung des Strömungsquerschnittes durch die Schaufel bis zu den Bypassflächen wird an dieser Stelle das Fluid auf der Oberfläche des Filtervlieses beschleunigt. Das Funktionsprinzip, dass nur ein Teil des Fluids durch das Filtervlies geleitet wird sowie die Eigenschaft, dass das Filtervlies einen Strömungswiderstand darstellt, zeigt sich lokal an dieser Stelle, so dass im Inneren des Filtervlieses die an der Oberfläche noch hohen Geschwindigkeiten nur noch im Bereich unter $0,5\ \frac{m}{s}$ für eine Anströmgeschwindigkeit von $4\ \frac{m}{s}$ liegen.

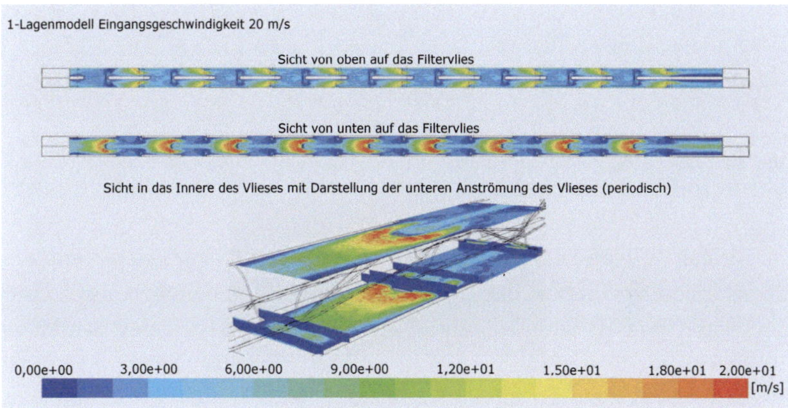

Abb. 6.5: Darstellung des Geschwindigkeitsfeldes über das 1-Lagenmodell innerhalb des Filtervlieses bei einer Anströmgeschwindigkeit von $20\,m\,s^{-1}$

Auch in der Betrachtung der Filtervliesdurchströmung für eine Anströmgeschwindigkeit von $20\ \frac{m}{s}$ ist zu erkennen, dass auf der Oberfläche des Filtervlieses die Geschwindigkeiten im Bereich der Bypassflächen sehr hoch sind, jedoch durch das Filtervlies erneut stark verringert werden. In diesem Falle liegen Geschwindigkeiten im Bereich von $1,5\ \frac{m}{s}$ vor. Diese Betrachtungen sind vor allem hinsichtlich der auf der Betrachtungsebene 1, der Abscheidung einzelner Partikel an einer Einzelfaser, erzielten Ergebnisse von Bedeutung. Insbesondere die Annahme gemäßigter Strömungsgeschwindigkeiten innerhalb des Filtervlieses können so bestärkt werden. Neben den Grenzen der Berechnung des Umströmens der einzelnen Faser ist auch die Frage nach einem Ablösen abgeschiedener Partikel von Interesse. Aufgrund der gezeigten, sehr gemäßigten Geschwindigkeiten ist hier von einem permanenten Anhaften abgeschiedener Partikel auszugehen.

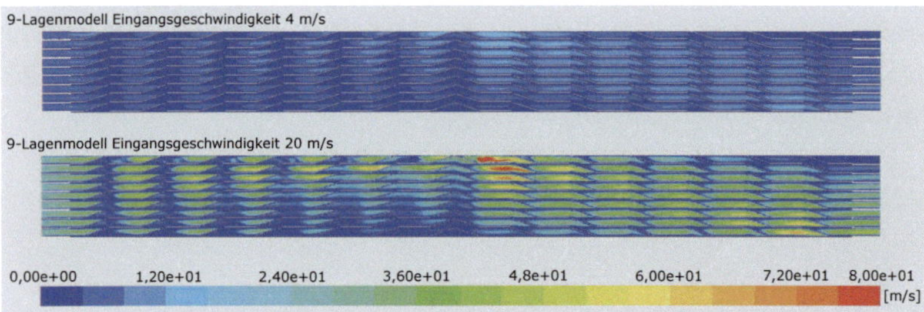

Abb. 6.6: Darstellung des Geschwindigkeitsfeldes über das 9-Lagenmodell bei Eingangsgeschwindigkeiten von $4\,m\,s^{-1}$ und $20\,m\,s^{-1}$

Für das 9-Lagenmodell zeigt sich weiterhin analog zur Darstellung des Gegendrucks der Einfluss der Wandrandbedingung an der oberen und unteren Begrenzung des Berechnungsgebiets. So ist eine aufsteigende Strömung im linken Teil der Geometrie und im rechten eine absteigende Strömung ersichtlich, was ebenfalls auf die Ausrichtung der Schaufeln zurückzuführen ist. Das Anstauen an der oberen Begrenzung bewirkt insbesondere in der obersten Lage des Modells nach der Umkehrung der Schaufelausrichtung in der Berechnung mit 20 $\frac{m}{s}$ Eingangsgeschwindigkeit erhöhte Geschwindigkeitsamplituden im Vergleich zu den unteren Lagen. Auch in diesem Modell heben sich die einzelnen Filtervlieslagen durch eine sehr niedrige Geschwindigkeit von Rest des Strömungsfeldes ab.

6.1.3 Zusammenfassung der Berechnung der stationären Strömungsfelder

Mit der Berechnung der stationären Strömungsfelder sind alle lokalen, strömungsrelevanten Parameter des Fluids innerhalb der Filterstrukturen für die Geschwindigkeiten $4\,\frac{m}{s}$ und $20\,\frac{m}{s}$ bekannt. Neben den beiden Geschwindigkeiten, welche berechnet wurden, ist auch die Berechnung mit anderen Eingangsgeschwindigkeiten bzw. Fluidtemperaturen denkbar. Folgende Abbildung zeigt exemplarisch das sich bei einer Anströmgeschwindigkeit von $12\,\frac{m}{s}$ und einer Fluidtemperatur von $450\,^{\circ}C$ einstellende stationäre Strömungsfeld innerhalb des 1-Lagenmodells.

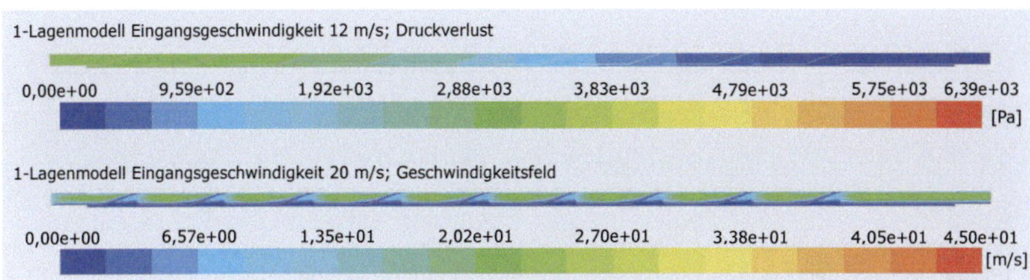

Abb. 6.7: Druckverlust und Geschwindigkeitsfeld über das 1-Lagenmodell bei einer Fluidtemperatur von $450\,^{\circ}C$ und einer Anströmgeschwindigkeit von $12\,m\,s^{-1}$

Im Vergleich mit den im vorhinein berechneten Geschwindigkeiten sind weder Auffälligkeiten noch Unterschiede in der topologischen Ausprägung des Strömungs- bzw. Druckfeldes erkennbar, so dass für weiterführende Betrachtungen weiterhin die Geschwindigkeiten $4\,\frac{m}{s}$ und $20\,\frac{m}{s}$ berechnet werden.

Mit einer diese Betrachtung abschließenden Plausibilisierung ist es möglich, mit den Ergebnissen der Berechnung des stationären Strömungsfelds die Filtereffektivität zu bestimmen.

6.2 Plausibilisierung des stationären Strömungsfeldes

Die Ergebnisse aus $3D$ Strömungssimulationen lassen sich auf verschiedene Weise plausibilisieren. Für die Plausibilisierung der hier gezeigten Modelle stehen zum einen Messwerte des Gegendrucks bei verschiedenen, normierten Betriebsvolumenströmen realer Partikelfilter zur Verfügung und zum anderen wird ein skaliertes, reales Modell eines repräsentativen Ausschnittes des Partikelfilters aufgebaut und mittels eines Particle Image Velocimetry (PIV) Messsystems das Strömungsfeld innerhalb des Filters untersucht.

6.2.1 Plausibilisierung mittels Gegendruckmessung

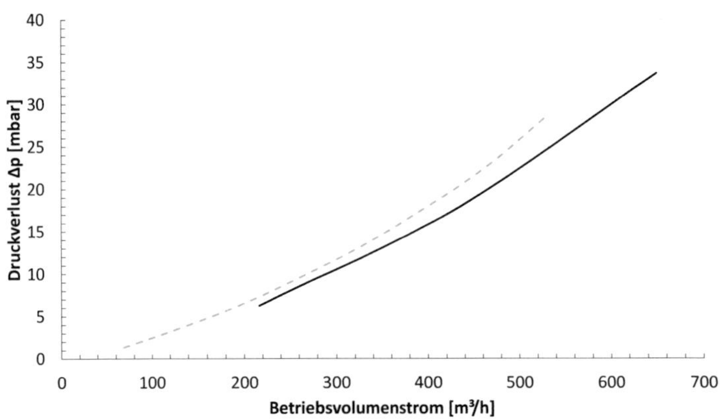

Abb. 6.8: Plausibilisierung des 1-Lagenmodells durch Vergleich gemessener (grau-gestrichelt) und simulierter (schwarz) Gegendrücke bei verschiedenen Betriebsvolumenströmen

Der Vergleich des gemessenen Gegendrucks mit den über die Einlassfläche gemittelten, simulierten Gegendruck erfolgt für eine Temperatur von $373,15\,K$. In Abb. 6.8 sind die Ergebnisse gegenübergestellt.

Grundsätzlich zeigen die Ergebnisse einen qualitativ gleichen Verlauf, so dass festgehalten werden kann, dass das prinzipielle, strömungstechnische Verhalten des Partikelfilters, insbesondere die Modellierung des Filtervlieses als poröses Medium, abgebildet wird.

Über den rein qualitativen Verlauf hinaus zeigt sich, dass die Verläufe der Simulationsergebnisse jeweils von denen der Messung abweichen. Für das 1-Lagenmodell liegen die Messwerte geringfügig über den simulierten Gegendruckwerten, für das 9-Lagenmodell liegen sie geringfügig darunter.

Erklären lassen sich die gezeigten Abweichungen vor allem dadurch, dass es durch den Fertigungsprozess des Wickelns in der Herstellung des Partikelfilters zu geometrischen Abweichungen von der in der Simulation abgebildeten, idealen Kanalform kommt.

Abschließend ist von einer guten Nachbildung der Strömungsverhältnisse des realen Partikelfilters auszugehen, so dass das Modell mit seinen Modellannahmen als Ausgangspunkt für weitere Berechnungen der Partikelpenetration verwendeten werden kann.

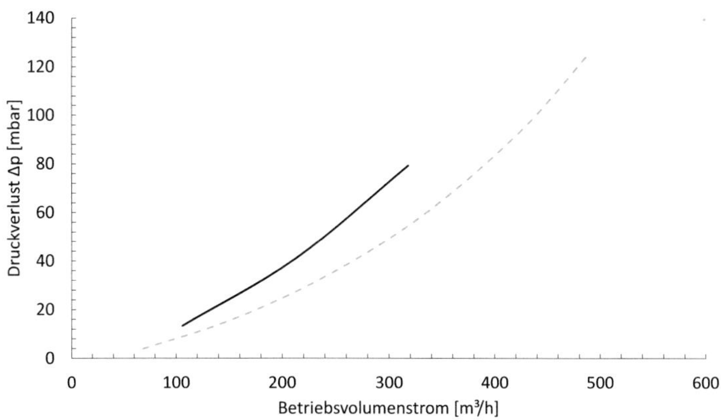

Abb. 6.9: Plausibilisierung des 9-Lagenmodells durch Vergleich gemessener (grau-gestrichelt) und simulierter (schwarz) Gegendrücke bei verschiedenen Betriebsvolumenströmen

6.2.2 Plausibilisierung mittels Particle Image Velocimetry

Die Particle Image Velocimetry (PIV) ist ein optisches Verfahren, welches eine Visualisierung verschiedener Strömungen ermöglicht. Auf dem Gebiet der Strömungssimulation ist es damit möglich, berechnete Strömungsfelder mit gemessenen Strömungsfeldern zu vergleichen und so eine hinreichende Vertrauensbasis der erstellten Simulationsmodelle zu schaffen.

Das Prinzip einer PIV-Messung besteht in der Auswertung vieler Bildpaare einer mit trägheitsbefreiten Tracing-Partikeln versetzten Fluidströmung. Der Belichtung der Bilder dient ein Laser, welcher durch Optiken zu einer Laserebene aufgespannt wird. Die Bilderpaare werden mit einem bestimmten zeitlichen Versatz Δt aufgenommen, was mit Hilfe einer Kreuzkorrelation (vgl. Abb. 6.10) die Auswertung des Strömungsfeldes in der mit dem Laser beleuchteten Ebene ermöglicht.

Idee der Plausibilisierung mittels Particle Image Velocimetry

Die Idee des Vergleichs der gemessenen und simulierten Strömungsfelder besteht darin, das gemessene Strömungsfeld entsprechend der Diskretisierung des simulierten Strömungsfeldes zu unterteilen, so dass eine Überlagerung und somit ein Vergleich der Geschwindigkeitsvektoren der einzelnen Knotenpunkte möglich ist. Ziel ist es, die Methodik des Modellansatzes mit dem porösen Medium als Ersatzkörper für das Filtervlies zu plausibilisieren. Für den Vergleich werden jeweils ein Simulationsmodell und ein Versuchsmodell aufgebaut. Vergleichsbasis für beide Modelle sind Skalierungsfaktoren, welche auf der Forderung nach einer Strömungsgleichheit basieren und die Ergebnisse beider Modelle direkt miteinander vergleichbar machen. Die Auswertung durch ein optisches System zwingt dazu, die Strukturen des Partikelfilters in einem transparenten Aufbau nachzubilden. Gefertigt wird das Modell mit Hilfe eines transparenten Stereolithografie Verfahrens in den Filterdimensionen drei Lagen übereinander und drei Zellen hintereinander und einem dem Herstellungsprozess geschuldeten Skalierungsfaktor s_K für die Kanalabmessungen (vgl. Gl. (6-1)). Dementsprechend wird ein Simulationsmodell aufgebaut, welches entsprechend der bereits vorgestellten Modelle

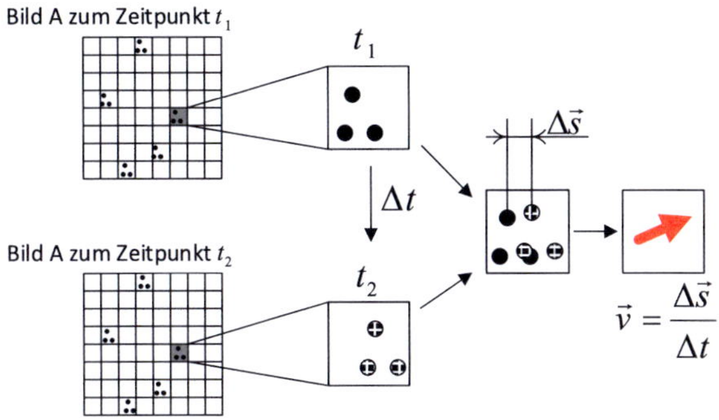

Abb. 6.10: Prinzip der Kreuzkorrelation

parametrisiert wird.

$$s_k = \frac{1}{0,065}mm \tag{6-1}$$

Die geometrischen Eigenschaften des Modells bestimmen sich aus der Forderung einer Strömungsgleichheit im realen und modellierten Kanal.

$$Re_1 = \frac{u_1 L_1}{\nu} = \frac{u_2 L_2}{\nu} = Re_2 \tag{6-2}$$

$$\text{mit } L_2 = s_K L_1 \text{ folgt} \tag{6-3}$$

$$u_2 = \frac{1}{s_K} u_1 \tag{6-4}$$

Die Filterschichten zwischen den einzelnen Lagen werden aus Metallgitter modelliert, dessen Dicke mit dem Skalierungsfaktor s_D bestimmt wird.

$$Re_{PM} = \frac{u\frac{K}{D}}{\nu} \tag{6-5}$$

$$u_2 = \frac{1}{s_K} u_1 \rightarrow u_1 = \frac{K_1}{D_1} = \frac{u_1}{s_K}\frac{K_2}{D_2} \rightarrow \frac{K_2}{D_2} = s_K \frac{K_1}{D_1} \tag{6-6}$$

$$D_2 = \frac{K_2}{K_1 s_K} D_1 \tag{6-7}$$

$$\text{folgt: } s_D = \frac{K_2}{K_1 s_K} \tag{6-8}$$

Bestimmt wird die Schichtdicke des porösen Mediums mit der auf das poröse Medium bezogenen Reynolds-Zahl.

Messdurchführung

Die Eigenschaften des Kanals erlauben es, nur in zwei Ebenen zu messen, da die komplexen Geometrien das Laserlicht in den übrigen Bereichen des Filters zu sehr streuen. Die Positionen der Ebenen definieren sich über die

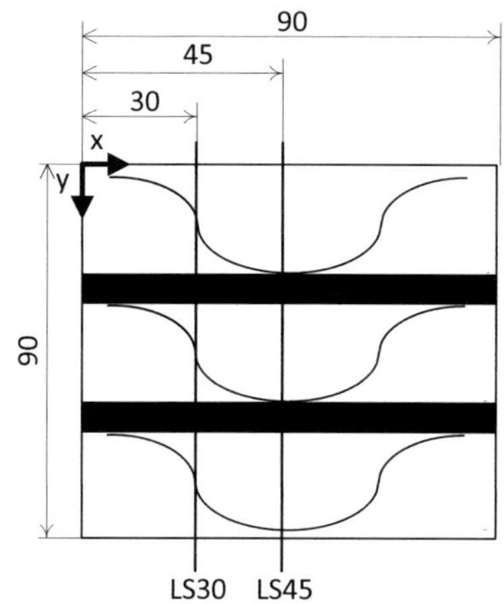

Abb. 6.11: Darstellung der Lichtschnitte LS30 und LS45

x-Koordinate des Bezugssystems zur Lichtschnittebene 30 (LS30) und Lichtschnittebene 45 (LS45) (vgl. Abb. 6.11). Eine präzise Ausrichtung der Sensorebene des Kamerasystems auf die Ebenen LS30 und LS45 ist grundlegend für die genaue Messung des Strömungsfeldes. Die Messung selbst wird mit zwei verschiedenen Eingangsgeschwindigkeiten durchgeführt. Der Skalierungsfaktor s_K skaliert die entsprechenden Geschwindigkeiten für die Simulation und die Messungen (vgl. Tab. 6.2). Das Ergebnis der PIV-Messung sind Bilderpaare, welche zwecks Mittelung des Ergebnisses über einen längeren Zeitraum aufgenommen werden. Eine Kreuzkorrelation der Bilderpaare liefert, zusammen mit der Kenntnis der zeitlichen Differenz Δt der jeweiligen

Tab. 6.2: Anströmgeschwindigkeiten der Plausibilisierung mittels PIV-Messung

Geschwindigkeit Messung $[\frac{m}{s}]$	$0,12$	$0,58$
Geschwindigkeit Simulation $[\frac{m}{s}]$	$1,846$	$8,923$

Bilderpaare [2], Informationen über die Geschwindigkeitskomponenten, die absolute Geschwindigkeit und die dazugehörigen Koordinaten jedes Vektors.

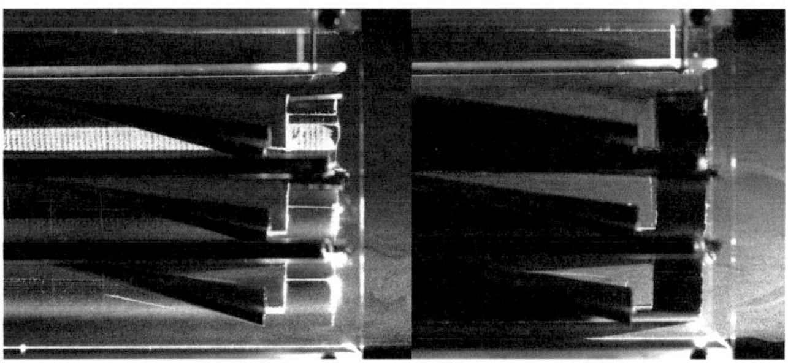

Abb. 6.12: Darstellung der mit Seeding-Flüssigkeit versetzten Strömung in den Lichtschnitten LS30 und LS45

Vergleich der Messergebnisse mit den Simulationsergebnissen

Im Post-Prozess des Strömungslösers ist es möglich, in ein dreidimensionales Berechnungsgebiet eine zweidimensionale Auswerteebene zu definieren. Die Definition der Auswerteebene orientiert sich an der Messebene, so dass bei hoher Genauigkeit der Ausrichtung der Ebenen sichere Aussagen über den Vergleich einzelner Knotenpunkte getroffen werden können.

Der Vergleich der Simulationsdaten mit den Messdaten erfolgt mit einem Matlabtool, welches die Einheiten der beiden Geschwindigkeitsfelder anpasst und skaliert, die jeweiligen Spalteneinträge sortiert, die Strukturen beider Dateien anpasst, die Geschwindigkeiten der entsprechenden Koor-

[2] $\Delta t = 200\,\mu s$

dinaten vergleicht und abschließend die lokalen Abweichungen darstellt. (vgl. [Wet10])

Die Abbildung der Ergebnisse des Tools stellt die lokalen, prozentualen Abweichungen der absoluten Geschwindigkeit bezüglich der Simulationsergebnisse dar.

Vor der eigentlichen Auswertung der Messergebnisse wird die Methodik im Bereich der Anströmung des Kanals, bevor das Fluid in den Filter einströmt, plausibilisiert. Dieser Bereich eignet sich für diesen Zweck, da hier ein großer Bereich, in dem das Fluid sich frei bewegen kann, vorliegt und keine geometrischen Abweichungen zwischen Simulationsmodell und Versuchsmodell zu erwarten sind. Verglichen wird die Anströmung der Filtermatrix bei einer Eingangsgeschwindigkeit von $0,58\,\frac{m}{s}$. Abb. 6.13 zeigt die prozentuale

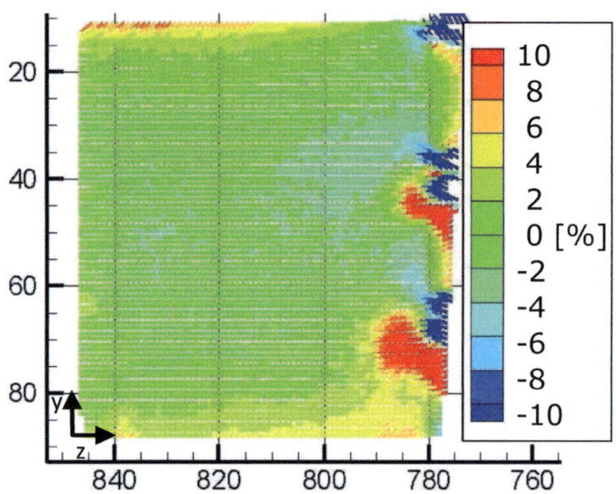

Abb. 6.13: Plausibilisierung der Methode des knotenweisen Vergleichs zwischen Messung und Simulation

Abweichung zwischen Messung und Simulation. Die Abweichungen liegen in einem Bereich von weniger als $2\,\%$ über große Teile der Anströmung. An den Rändern der Auswertung machen sich geometrische Abweichungen zwischen idealem Simulationsmodell und Messmodell bemerkbar. Zusammenfassend zeigt diese Auswertung, dass die grundlegende Methodik des knotenweisen Vergleichs von Geschwindigkeitsvektoren zielführend und für diesen Fall anwendbar ist. Abb. 6.14 zeigt die Ergebnisse für die Lichtschnittebene LS45. In der Abbildung ist die Strömungsrichtung von links nach rechts (z-Richtung) wiedergegeben. Dargestellt werden die prozentualen Abweichungen der lokalen, absoluten Geschwindigkeiten bezüglich der Simulationsergebnisse. Insgesamt ist festzustellen, dass die simulierten Geschwindigkeiten höher sind als die gemessenen Geschwindigkeiten. Dies lässt die Vermutung zu, dass es in der Erstellung des Messmodells zu geometrischen Abweichungen, vor allem hinsichtlich des Filterstoffes, gekommen ist.

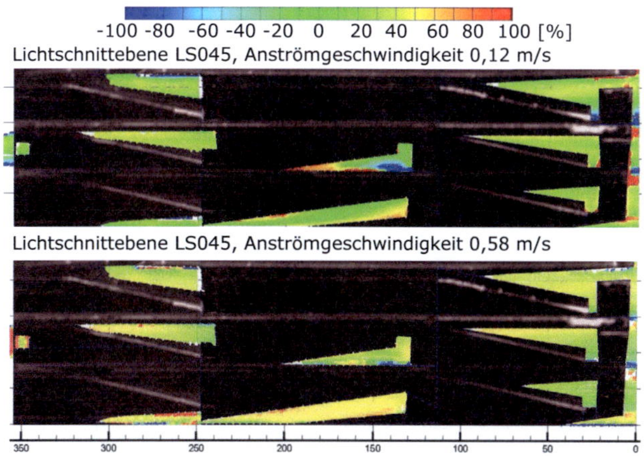

Abb. 6.14: Prozentuale Abweichung lokaler, absoluter Geschwindigkeiten aus Messung und Simulation innerhalb der Lichtschnittebene LS45 bei Anströmgeschwindigkeiten von $1,85\,m\,s^{-1}$ und $8,92\,m\,s^{-1}$ in der Simulation bzw. $0,12\,m\,s^{-1}$ und $0,58\,m\,s^{-1}$ in der Messung

Im Bereich von $z = 15 - 85\,mm$ zeigt sich ein Unterschied von $0 - 40\,\%$ für die gemessene Geschwindigkeit von $0,58\,\frac{m}{s}$ (simuliert $8,9\,\frac{m}{s}$). Vor allem in den freien Bereichen zwischen den Kanälen ist sich eine gute Übereinstimmung der simulierten mit den gemessenen Werten erkennbar. In den Bereichen in Kanalnähe zeigen sich größere Abweichungen, welche sich ebenfalls wieder auf geometrische Abweichungen zwischen Simulationsmodell und Versuchsmodell zurückführen lassen.

Für die niedrigere, gemessene Anströmgeschwindigkeit von $0,12\ \frac{m}{s}$ (simuliert $1,85\ \frac{m}{s}$) fallen die simulierten Geschwindigkeiten höher aus als in der Messung. Im Schnitt liegen diese etwa $40\,\%$ höher.

Im Allgemeinen lässt sich beobachten, dass die Geschwindigkeiten in der Simulation höher liegen als in den Messungen. Dies lässt den Schluss zu, dass der für das Versuchsmodell gewählte Ersatzkörper für das poröse Medium die Eigenschaften des realen Filtervlieses nicht exakt wiedergibt. Vor allem durch einen geometrisch zu dünn ausgeführten Ersatzkörper lässt sich ein größerer Luftaustausch zwischen den Kanälen im Versuchsmodell und damit verringerte Geschwindigkeiten in z-Richtung erklären.

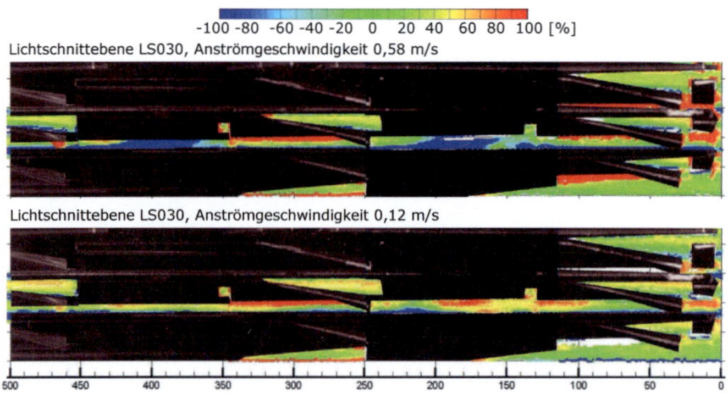

Abb. 6.15: Prozentuale Abweichung lokaler, absoluter Geschwindigkeiten aus Messung und Simulation innerhalb der Lichtschnittebene LS30 bei Anströmgeschwindigkeiten von $1,85\,m\,s^{-1}$ und $8,92\,m\,s^{-1}$ in der Simulation bzw. $0,12\,m\,s^{-1}$ und $0,58\,m\,s^{-1}$ in der Messung

Ebenfalls dafür spricht der große Bereich mit den blauen Werten um $z = 150\,mm$ für die Messung von $0,58\ \frac{m}{s}$. Hier liegen die experimentell gemessenen Geschwindigkeiten wesentlich höher als die simulierten.

An dieser Stelle liegt in jedem Kanal die Leitschaufel, welche die Strömung in die Filter drückt. Aus bereits genannten Überlegungen kommt es hier zu den erhöhten Geschwindigkeiten durch den zu dünnen Ersatzkörper.

Im Gegensatz zu den Möglichkeiten in der Lichtschnittebene LS45 kann der Laser in der Lichtschnittebene LS30 weiter in die Filterstrukturen vordringen. In diesem Falle nur bis zum Beginn der dritten Zelle. Auffällig in den Ergebnissen sind insbesondere die großen Unterschiede im Bereich von $z = 100 - 220\,mm$ im zweiten Kanal. Für die gemessene Geschwindigkeit von $0,58\,\frac{m}{s}$ sind die Simulationsergebnisse größer, wobei sie für die gemessene Geschwindigkeit von $0,12\,\frac{m}{s}$ viel kleiner als die experimentellen Ergebnisse sind. Dies lässt sich ebenfalls im Bereich von $z = 350...430\,mm$ beobachten. Die restlichen Bereiche des Vergleichs zeigen jedoch ein positives Ergebnis.

Zurückzuführen sind diese Abweichungen auf Messunsicherheiten, welche insbesondere im Fall der Particle Image Velocimetry aus Reflexionen des Lasers stammen können. Neben den reinen, geometrischen Abweichungen ist es auch notwendig, die Filterstrukturen reflexionsarm zu gestalten. Aufgrund der nicht trivialen Strukturen des Partikelfilters ist es essentiell, die transparenten Teile der Strukturen, welche nicht betrachtet werden, zu maskieren. Dies kann dazu führen, die geometrische Gleichheit zwischen Simulations- und Versuchsmodell negativ zu beeinflussen.

Zusammenfassend ist festzuhalten, dass die Particle Image Velocimetry eine Möglichkeit ist, komplexe Strömungen, wie die hier vorliegende Filterdurchströmung, zu visualisieren und zu bewerten. Die Ergebnisse des Vergleichs zeigen, dass es neben den lokalen Bereichen lokaler Messunsicherheiten und geometrischer Abweichungen Bereiche gibt, in denen die Abweichungen in einem Intervall zwischen $0 - 20\,\%$ liegen. Die Bereiche geringer Abweichungen zeigen, dass die Modellierung des Partikelfilters in der Berechnung des Strömungsfeldes innerhalb der Filterstrukturen gute Ergebnisse liefert und der gewählte Berechnungsansatz geeignet ist, die Durchströmung des Partikelfilters zu simulieren.

6.3 Effektivitätsberechnung des Partikelfilters

Die Abscheideeffektivität eines Dieselpartikelfilters ist neben dem Druckverlust das wichtigste Bewertungskriterium zur Charakterisierung eines Filters. Basierend auf dem stationären Strömungsfeld (Kap. 6.1) und mit den berechneten Ergebnissen der Einzelfasereffektivität (Kap. 4) des vorliegenden Filtervliesstoffes lässt sich die Effektivität im Initialzustand des Filters berechnen.

6.3.1 Initial-Effektivität des offenen Partikelfilters

Das Ergebnis der Effektivitätsberechnungen ist ein prozentualer Wert, der die Penetrationen aller injizierten Partikelbahnen zusammenfasst. Folgende Abbildungen geben die Abscheideeffektivitäten der einzelnen Partikelklassen für Eingangsgeschwindigkeiten von $4\,\frac{m}{s}$ und $20\,\frac{m}{s}$ wieder.

Für eine Eingangsgeschwindigkeit von $4\,\frac{m}{s}$ zeigt das 9-Lagenmodell erwartungsgemäß für alle betrachteten Partikelklassen einen Vorteil gegenüber dem 1-Lagenmodell. Die maximale Abscheideeffektivität für beide Modelle mit einer Abscheideeffektivität von über $80\,\%$ liegt bei der niedrigsten, betrachteten Partikelgröße von $30\,nm$ aufgrund der relativ langsamen Anströmgeschwindigkeit und den weiter abgebremsten Geschwindigkeiten im Filtervlies, welche den Bereich der diffusiven Abscheidung darstellt. Mit größer werdenden Partikeln nimmt die Abscheideeffektivität ab, um im Bereich von $400\,nm$ das Minimum zu erreichen und bei $600\,nm$ wieder zu steigen. Der grundlegende Verlauf der gezeigten Abscheideeffektivität über die verschiedenen Partikelgrößen verhält sich erwartungsgemäß so, wie sich die Ergebnisse der Berechnung der Einzelfasereffektivität (Betrachtungen Level 1 vgl. Abb. 4.8) darstellen. Die höchsten Werte für die Einzelfasereffektivität werden für sehr kleine Partikel bei niedrigen Geschwindigkeiten erzielt (Partikel obliegen der Diffusion), worauf der Wert mit größer werdenden Partikeln und steigender Geschwindigkeit minimal wird (Effektivitätstal im Übergang

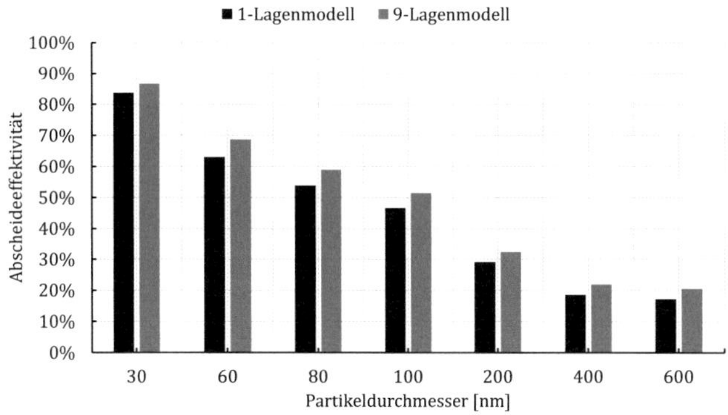

Abb. 6.16: Fraktionelle Abscheideeffektivität verschiedener Partikeldurchmesser bei einer Eingangsgeschwindigkeit von $4\,m\,s^{-1}$

Diffusion - Impaktion), um für immer größer werdenden Partikeln und hohen Geschwindigkeiten wieder anzusteigen.

Bei einer Eingangsgeschwindigkeit von $20\,\frac{m}{s}$ zeigt sich zwischen dem 1-Lagenmodell und dem 9-Lagenmodell ein ähnliches Bild wie bereits bei der niedrigen Anströmgeschwindigkeit. So ist das 9-Lagenmodell wieder im Vorteil gegenüber dem 1-Lagenmodell, wobei dieser deutlicher ausfällt als bei der niedrigeren Anströmgeschwindigkeit von $4\,\frac{m}{s}$. Das Maximum der Abscheidung liegt ebenfalls wieder im Bereich der diffusiven Abscheidung bei einer Partikelgröße von $30\,nm$ für das 1-Lagen- und 9-Lagenmodell. Das Minimum der Abscheidung beider Modelle verschiebt sich jedoch in Richtung der feineren Partikel und liegt bei der hier betrachteten, höheren Anströmgeschwindigkeit im Partikelgrößenbereich von $200\,nm$. Mit größer werdenden Partikelgrößen wächst die Abscheideeffektivität insbesondere im Partikelgrößenbereich über $400\,nm$ wieder stark an. Dieses Verhalten ist ebenfalls bereits in Abb. 4.8 ersichtlich und stellt den starken Gradienten in der Darstellung der Einzelfasereffektivität bei hohen Geschwindigkeiten und hohen Partikelgrößen dar.

Das unterschiedliche Verhalten beider Modelle ist auf den Fakt zurückzuführen, dass das 9-Lagenmodell eine Optimierung des 1-Lagenmodells hinsichtlich der Partikelabscheidung darstellt, welche auf diesem Wege bestätigt werden kann. Die Vorteile des 9-Lagenmodells kommen vor allem bei höheren Geschwindigkeiten zur Geltung. Während das 1-Lagenmodell mit seinen alternierend angeordneten Leitschaufeln für eine sehr gleichmäßige Strömung sorgt, treten dagegen im 9-Lagenmodell durch die über eine größere Strecke gleichsinnig angeordneten Leitschaufeln Effekte auf, welche das Fluid öfter durch das Filtervlies strömen lassen und so eine höhere Abscheideeffektivität mit sich bringen.

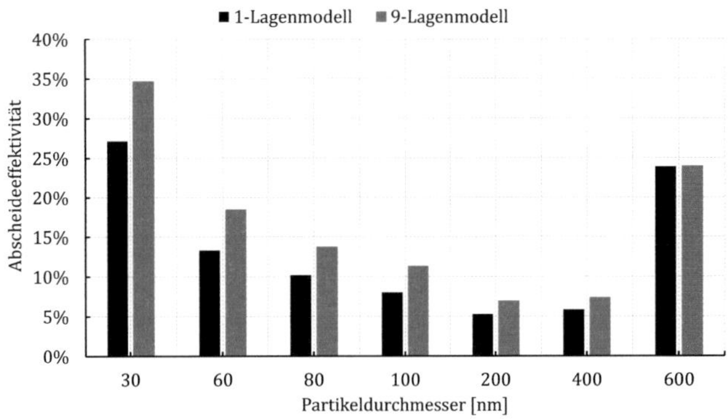

Abb. 6.17: Abscheideeffektivität bei einer Eingangsgeschwindigkeit von $20\,m\,s^{-1}$ über dem Partikeldurchmesser

6.3.2 Partikelbahnen

Die Darstellung der Partikelbahnen zeigt die Ausprägung der Geschwindigkeitsvektoren, wie sie durch die Ausrichtung der Schaufeln der einzelnen Metalllagen vorgegeben werden. Im Fall der 1-Lagengeometrie zeigt sich, dass der Partikelstrom konstant auf- und abgeleitet wird. Jedoch durchströmt der Strom nicht jedes Mal das Filtervlies, sondern passiert den Schaufelbereich auch durch die rechts und links neben der Schaufel liegenden Bypassflächen. Dieser Umstand zeigt sich auch in der in Abb. 6.18 dargestellten, farblich codierten Penetration des Partikelstroms mit der ID 1 mit einem Durchmesser von $30\,nm$ und einer Eingangsgeschwindigkeit von $4\,\frac{m}{s}$. Der Partikelstrom startet mit einer Penetration von eins und wird jeweils bei seinen zwei Filtervliesdurchgängen minimiert bis er nach zwei Filtervliesdurchgängen noch eine Penetration von $0,03$ aufweist. Das bedeutet, dass $97\,\%$ der Partikel dieser Injektion bis zum zweiten Filtervliesdurchgang abgeschieden werden.

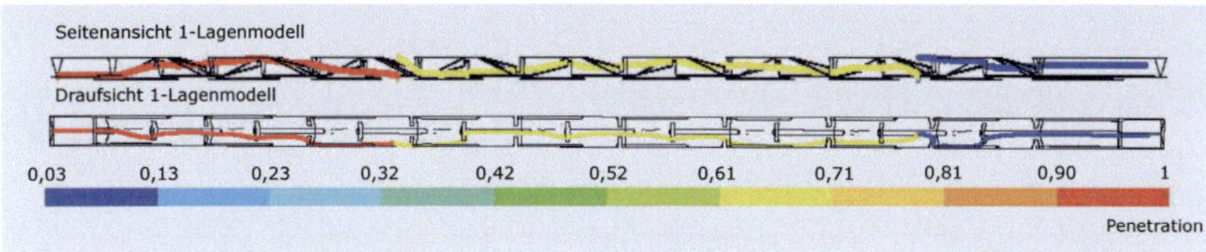

Abb. 6.18: Darstellung der Partikelbahn mit der ID 1 einer $30\,nm$ Partikelinjektion mit einer Eingangsgeschwindigkeit von $4\,m\,s^{-1}$ durch das 1-Lagenmodell, farblich codiert dargestellt ist die Penetration der Partikelbahn

Im Fall des 9-Lagenmodells (Abb. 6.19) offenbart sich, dass der Partikelstrom zunächst die erste Schaufel durch den Bypass passiert, um dann durch die zweite Schaufel in die höhere Lage zu gelangen. Aufgrund des Durchgangs kommt es ebenfalls zu einer Erniedrigung der Penetration. Deutlich im Vergleich zum 1-Lagenmodell ist auch der Effekt der verschiedenen, lokalen Geschwindigkeiten und des konstanten Partikeldurchmessers zu sehen. Im 9-Lagenmodell wird aufgrund einer niedrigeren, lokalen Geschwindigkeit beim ersten Filtervliesdurchgang eine viel höhere Effektivität erreicht als beim 1-Lagenmodell. Der Partikelstrom bleibt auf seinem Weg durch den Filter bis zur Umkehrung der Schaufelausrichtung in dieser Ebene, um mit der letzten nach oben gerichteten Schaufel erneut eine Lage nach oben und durch die Umkehrung der Schaufelausrichtung gleich wieder zurück zu gelangen. Nach zwei weiteren Filtervliesdurchgängen hat die Penetration annähernd einen Wert von Null erreicht, so dass bei weiteren Filtervliesdurchgängen die Penetration nicht niedriger werden kann.

Im Unterschied zum 1-Lagenmodell nimmt die komplette Partikelbahn im 9-Lagenmodell die Form einer umgedrehten Parabel an. Während die alternierende Ausrichtung im 1-Lagenmodell dafür sorgt, dass der Partikelstrom jeweils nach oben oder unten abgelenkt wird, führt die Ausrichtung

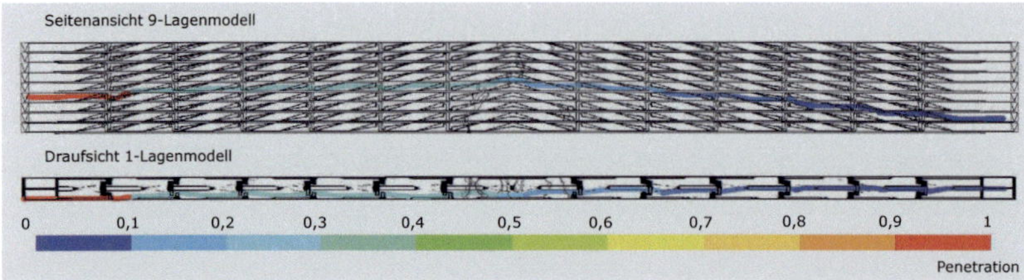

Abb. 6.19: Darstellung der Partikelbahn mit der ID 2578 einer 30 nm Partikelinjektion mit einer Eingangsgeschwindigkeit von $4\,m\,s^{-1}$ durch das 9-Lagenmodell, farblich codiert dargestellt ist die Penetration der Partikelbahn

der Schaufeln im 9-Lagenmodell dazu, dass die Partikelbahnen jeweils eine Hauptrichtung für die Bereiche gleicher Schaufelausrichtung einnehmen, was im Fall der betrachteten Partikelbahnen zu einem häufigeren Queren des Filtervlieses und somit zu einer höheren Effektivität führt.

6.3.3 Plausibilität der berechneten Abscheideeffektivität

Die Ergebnisse der Berechnung der Penetration der Partikelbahnen zeigen sich deutlich in der Visualisierung der Trajektorie, welche die Partikel auf ihrem Weg durch den Filter nehmen. In Abb. 6.20 ist eine solche Trajektorie darstellt. Farblich codiert ist in der Abbildung ebenfalls die Penetration zu sehen. Nachdem die Partikelbahn durch die Schaufel abgelenkt wird, durchquert die Partikelbahn das Filtervlies, in dem die Penetration signifikant aufgrund der Berechnungen der UDF abnimmt. Anhand des Verlaufs der Partikelbahn ist ebenfalls sehr gut die Funktionalität der periodischen Randbedingungen an den Wänden des Simulationsmodells zu erkennen. Ein anderer Weg zur Plausibilisierung der Berechnungsergebnisse, neben der Visualisierung der Partikelbahn, ist der Vergleich experimenteller Versuche mit Simulationen identischer Randparameter. Die Überprüfung der Plausibilität berechneter Abscheideeffektivitäten ist jedoch sehr komplex. Die Komplexität spiegelt sich darin wieder, dass die berechnete Einzelfasereffektivität nur einen ein-

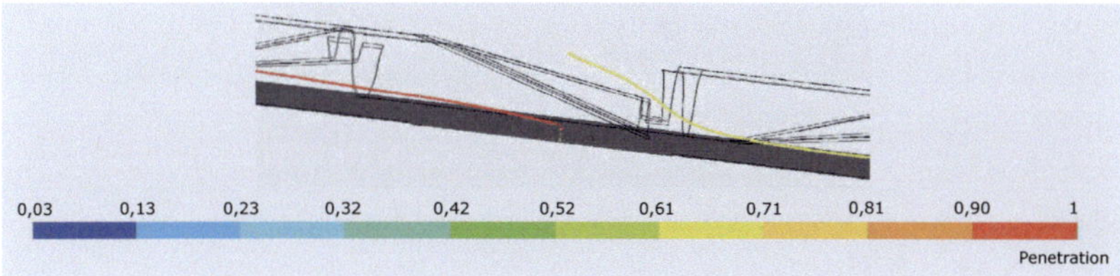

Abb. 6.20: Darstellung des Filtervliesdurchgangs einer Partikelbahn eines 30 nm Partikels mit einer Eingangsgeschwindigkeit von 4 $m\,s^{-1}$ durch das 1-Lagenmodell

zigen Partikeldurchgang des Filters und damit keinen realen Betrieb des Filters wiedergibt. Darüber hinaus ist festzuhalten, dass der Filter in den Berechnungen jeweils nur mit einer Partikelklasse, also einem monodispersen Fluid, durchströmt wird. Die Generierung eines Aerosols mit ultrafeinen Partikeln sowie dessen Aufbereitung zu einem monodispersen Aerosol stellt apparatetechnisch eine große Herausforderung dar, so dass an dieser Stelle auf Messungen der TH Karlsruhe zurückgegriffen wird [EMI12].

In diesen Messungen werden zunächst unter Verwendung eines differentiellen Mobilitätsanalysators (DMA) monodisperse Partikelströmungen aus polydispersen Strömungen fraktioniert und anschließend mit diesem Fluid ein Rohrmodell senkrecht durchströmt, in dem ein Verbund von fünf unbeladenen Filtermatten, wie sie auch im betrachteten Partikelfilter zum Einsatz kommen, eingebracht ist. Ein Kondensationspartikelmessgerät vor und hinter den Filtermatten bestimmt die Effektivität der Filtermatten.

Die Idee der Plausibilisierung besteht darin, diesen Versuch mittels einer Simulation nachzuvollziehen. Das Simulationsmodell umfasst für die Berechnung eine Ein- und Auslaufstrecke sowie fünf Filtermatten. Aufgrund der Verwendung reiner Kohlenstoffpartikel wird, im Gegensatz zu den Filterberechnungen, eine Partikeldichte von 2000 $\frac{kg}{m^3}$ verwendet. Die Eingangsgeschwindigkeit in der Simulation entspricht der des Versuchs mit $0,04\,\frac{m}{s}$.

Die Ergebnisse lassen sich wegen der fraktionellen Messung des Trenngrads direkt mit den Ergebnissen der numerischen Nachberechnung des Versuchs vergleichen. In Abb. 6.21 ist das Ergebnis des Vergleichs dargestellt.

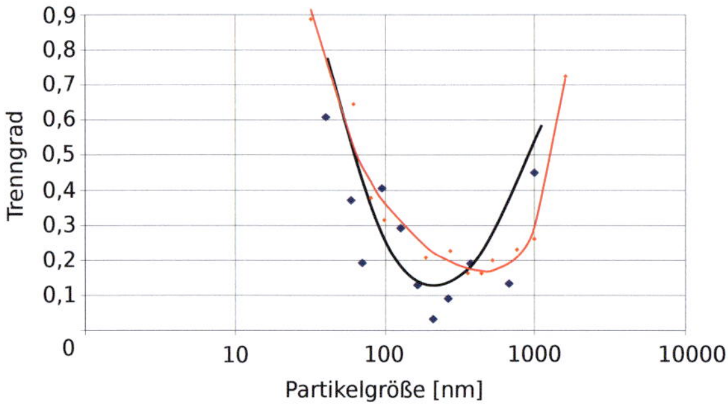

Abb. 6.21: Vergleich des numerisch berechneten fraktionellen Partikeltrenngrad (rot) mit dem gemessenen fraktionellen Partikeltrenngrads der TH Karlsruhe (blau) [EMI12]

Grundlegend zeigt sich sowohl im Versuch als auch in der numerischen Nachrechnung die in Kap. 4 gezeigte Einzelfasereffektivität mit ihrem charakteristischen um eine Partikelgröße von $100\,nm$ liegenden Effektivitätstal. Dieses Tal ist ebenfalls aus der Literatur wie [Hin99, S. 199] bekannt und stellt den Übergang von diffusionsüberlagerter Interzeption zur Impaktion (vgl. Kap. 2.4) dar. Der Vergleich zeigt ebenfalls die Ähnlichkeit der gemessenen und numerisch berechneten Ergebnisse. Vor allem im Bereich der kleineren Partikelklassen unterhalb $100\,nm$ zeigen sich sehr gute Übereinstimmungen in den einzelnen Partikelklassen. Für die Partikelklassen oberhalb $200\,nm$ werden die Abweichungen für den Trenngrad größer. In diesem Bereich steigt die Einzelfasereffektivität für größer werdende Partikel und sinkende Geschwindigkeiten sehr stark an (vgl. Abb. 4.8). Die hohe Komplexität der Einzelfasereffektivität zeigt sich hier in den schwankenden Ergebnissen der Messung, in denen zunächst das Effektivitätstal durchschritten scheint, um dann in einem einzelnen Messpunkt wieder abzufallen.

6.3.4 Partikelablagerungen im Partikelfilter

Mit der erfolgreich durchgeführten Berechnung der Partikelbahnen wurde die Trajektorie, welche die Partikel auf ihrem Weg durch den Filter nehmen, örtlich und zeitlich diskretisiert (vgl. Kap. 5.4). Die an jedem Berechnungspunkt der Partikelbahn diskretisierte Penetrationsgleichung ist für die Berechnung der örtlichen Rußbeladung des Filters notwendig. Für jede Volumenzelle, die innerhalb des porösen Medium liegt, werden während der Partikelbahnverfolgung im DPM-Modell benutzerdefinierte Variablen des Programms FLUENT (UDM) angelegt. In den UDM sind die auf das Kontrollvolumen bezogenen, lokalen Größen zur Beschreibung der lokalen Rußablagerungen enthalten.

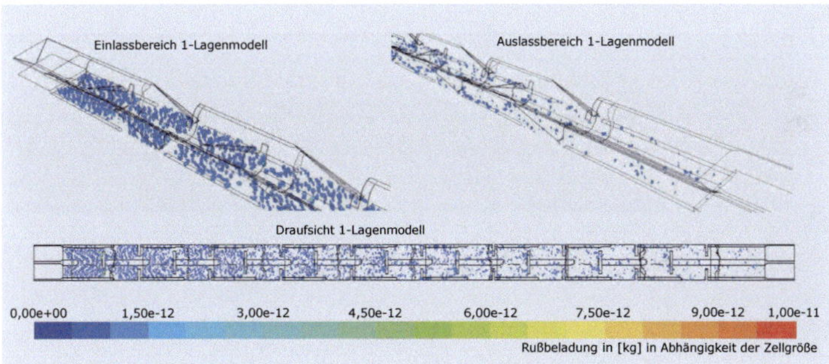

Abb. 6.22: Darstellung der Partikelablagerungen im 1-Lagenmodell mit einer Anströmung von $4\,m\,s^{-1}$

In Abb. 6.22 sind die Partikelablagerungen nach einer einzelnen Partikelquerung des kompletten Filtermodells dargestellt. Berechnet werden die Ablagerungen mit einer Injektion von 10185 Einzelinjektionen[3] aller Partikelklassen ,wie sie in Tab. A.3 aufgeführt sind, bei einer Eingangsgeschwindigkeit von $4\,\frac{m}{s}$. Die dargestellten, lokalen Ablagerungen zeigen ein Profil im porösen Medium, welches die bevorzugte Region des Partikeldurchgangs durch das Filtervlies im unbeladenen Filter widerspiegelt. In Abb. 6.22 ist für das 1-Lagenmodell zu erkennen, dass sich die Partikel hauptsächlich im Bereich der Schaufeln ablagern. Darüber hinaus zeigt sich auf der Unterseite des Filtervlieses eine quantitativ höhere Ablagerung als auf der Oberseite.

[3]In jeder Diskretisierungsstelle der Einlassfläche wird jeweils eine Injektion für jede Partikelklasse gestartet.

Ebenfalls ist ersichtlich, dass sich im vorderen Teil des Filters mehr Masse ablagert als im hinteren Teil.

Das Funktionsprinzip des Filters beruht darauf, dass die Schaufeln das partikelbeladene Aerosol in das Filtervlies leiten. Dieser Umstand zeigt sich in der Beladung des Filtervlieses nur im Bereich der Schaufel. Diese leitet die partikelbeladene Strömung in das Filtervlies, so dass Rußablagerungen oberhalb der Schaufel entstehen[4].

In den Bereichen hinter der Schaufel gelangen nur Partikel, welche nicht von der Schaufel in das Filtervlies abgelenkt werden, sondern den Schaufelbereich über die Bypassflächen frei passieren. Dieses freie Passieren hat zur Folge, dass es im Bereich hinter den Schaufeln zu keinen Ablagerungen kommt.

Die Tatsache, dass das Filtervlies im vorderen Teil des Filters einen höheren Beladungszustand aufweist als im hinteren ist darauf zurückzuführen, dass die Partikelkonzentration der jeweiligen Injektion bei jedem Filtervliesdurchgang abnimmt (vgl. Abb. 6.20). Daher erreicht nur ein geringer Massenanteil der Partikelinjektion die hinteren Bereiche des Filters.

In Abb. 6.23 sind für das 9-Lagenmodell die entsprechenden Partikelablagerungen dargestellt. Im Fall des 9-Lagenmodells werden die Ablagerungen mit einer Injektion von 38969 Einzelinjektionen[5] ebenfalls aller in Tab. A.3 aufgeführten Partikelklassen und auch bei einer Eingangsgeschwindigkeit von 4 $\frac{m}{s}$ berechnet.

Die sich im 1-Lagenmodell bereits abgezeichneten Muster der Partikelablagerungen sind auch im 9-Lagenmodell vorhanden. So zeigt sich die Ablagerung hauptsächlich im Bereich der Schaufeln, wobei sich im Bereich zwischen den Schaufeln kaum Ruß ablagert. Weiterhin zeigt sich im Initialzustand des Filters ebenfalls die geringere Ablagerung im hinteren Bereich des Filters aufgrund der abnehmenden Partikelkonzentration.

[4] Aufgrund der periodischen Randbedingungen stellt die Unterseite des Filtervlieses im Modell die Region oberhalb der Schaufel dar.

[5] Im Falle des 9-Lagenmodell liegt aufgrund der anderen Randbedingungen eine unterschiedliche Diskretisierung vor.

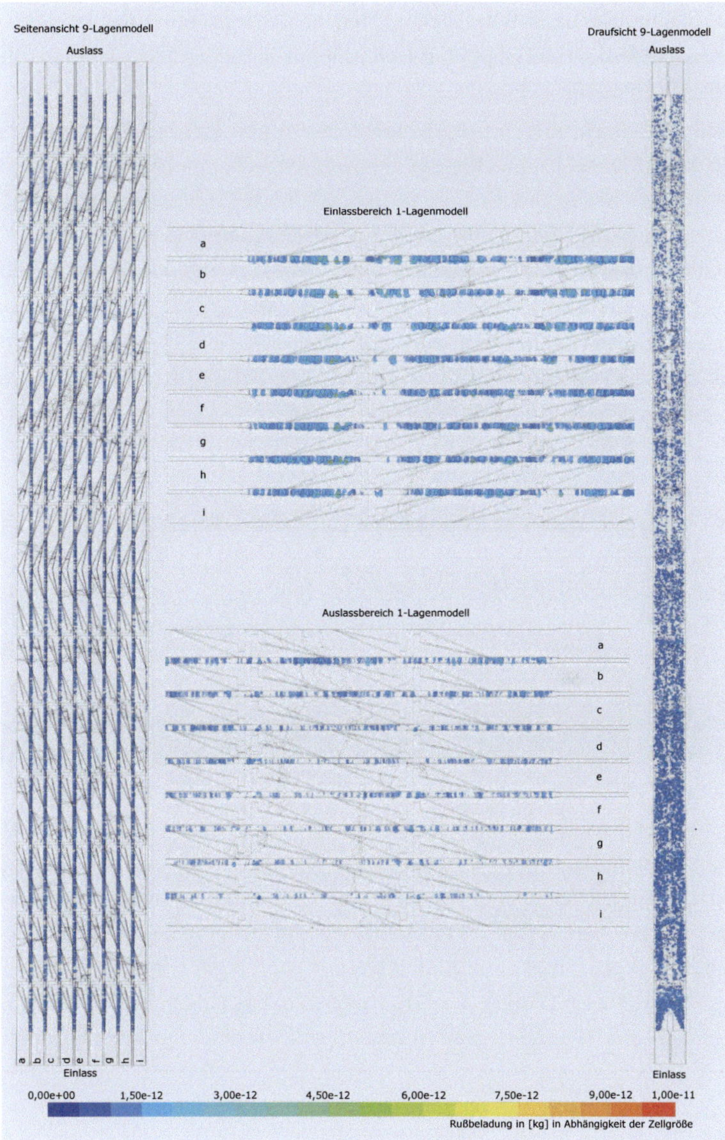

Abb. 6.23: Darstellung der Partikelablagerungen im 9-Lagenmodell mit einer Anströmung von $4\,m\,s^{-1}$

Darüber hinaus äußern sich in den verschiedenen Ablagerungen die Eigenschaften der zum 1-Lagenmodell unterschiedlichen Schaufelausrichtung im 9-Lagenmodell.

Diese Schaufelausrichtung bewirkt zusammen mit der Wandrandbedingung an der Ober- und Unterseite des Simulationsmodells, dass, wie bereits in der Betrachtung des Geschwindigkeits- bzw. Druckfeldes gesehen, die unterste Lage des Lagenpakets nicht zur Abscheidung beitragen kann. In der obersten Lage setzt sich im Bereich vor der Umkehrung jedoch mehr Ruß ab.

Wird zusätzlich der sich bei der Durchströmung des Filters einstellende Druckverlust betrachtet (vgl. Abb. 6.1), spiegeln diese Ergebnisse den Zielkonflikt in der Filterauslegung wieder, dass eine hohe Abscheidung mit einem hohen Abgasgegendruck einhergeht.

6.4 Fazit der stationären Berechnung des offenen Dieselpartikelfilters

Die hier vorgestellte Methodik der stationären Berechnung der Abscheideeffektivität offener Dieselpartikelfilter ist in der Lage, die Initial-Effektivität des Filters realitätsnah zu berechnen. Methodisch wird, aufbauend auf einer konvergierten Lösung des Strömungsfeldes, das mit einer selbst erstellten UDF erweiterte DPM-Modell verwendet, um die einzelnen Partikelbahnen durch den Filter zu berechnen. Die Filtermatte des realen Filters wird hierbei durch das Ersatzmodell des porösen Mediums wiedergegeben, dessen Widerstandskoeffizienten im Voraus bestimmt werden. Die berechneten Partikelklassen werden durch Eigenschaften definiert, welche aus einer Abgasmessung auf einem Rollenprüfstand entnommen werden[6] und Eigenschaften, welche sich aus der stationären Lösung des Strömungsfeldes ergeben[7], und anschließend in einer die Partikeleigenschaften zusammenfassenden Partikelinjektion vereint.

[6] die Partikelgröße und die Partikelkonzentration

[7] die Partikelgeschwindigkeit und der flächengemittelte Partikelmassenstrom

Die Plausibilisierung der Ergebnisse für die Berechnung des Strömungsfeldes erfolgt mit einem Vergleich des sich über das Simulationsmodell einstellenden Druckverlusts mit gemessenen Werten sowie mit PIV-Messungen des Strömungsfeldes an einem skaliertem Modell. Beide Methoden zeigen, dass das stationäre Strömungsfeld realitätsnah wiedergegeben wird und vor allem, dass das Ersatzmodell des porösen Mediums in der Simulation in der Lage ist, die Filtermatten realitätsgetreu abzubilden.

Eine Plausibilisierung der Berechnung der Abscheideffektivität erfolgt mit der Nachberechnung eines an der TH Karlsruhe [EMI12] durchgeführten Versuchs zur fraktionellen Abscheiderate der hier verwendeten Filtermatten. In diesem Vergleich zeigt sich, dass auch die Erweiterung des DPM-Modells Ergebnisse mit einer hohen Vertrauensbasis liefert.

Die berechnete Initial-Abscheidung des Partikelfilters stellt die sichere Verbindung der verschiedenen Betrachtungsebenen des Filters dar. Im Speziellen wird die Nano-Ebene, die Effektivität des Einfangs einzelner Nanopartikel durch die Einzelfaser, mit der Makro-Ebene, die Gesamteffektivität des Filters, verbunden. Als Ergebnis der Berechnungen liegen Informationen über alle für das transiente Verhalten des Filters wichtigen Parameter vor. Als Beispiel werden die Trajektorien, welche die Partikel beim Queren des Filters verfolgen, sowie die lokalen, auf die Diskretisierung bezogenen Rußablagerungen für verschiedene Filtergeometrien dargestellt. Beide Geometrien zeigen ein erwartungsgemäßes Verhalten, welches in der jeweiligen Ausführung der Schaufeln begründet liegt.

Bezüglich der beiden, berechneten Filtermodelle zeigt das 9-Lagenmodell durchweg eine bessere Filtrationsleistung gegenüber dem 1-Lagenmodell.

Abschließend ist festzuhalten, dass die stationäre Berechnung der Effektivität des offenen Dieselpartikelfilters erfolgreich durchgeführt werden kann. Basierend auf dem stationären Strömungsfeld ist die selbstprogrammierte UDF in der Lage, die in Kap. 5 erzielten Ergebnisse aufzunehmen und mit ihnen realitätsnahe Ergebnisse der Initial-Effektivität des Partikelfilters zu berechnen.

Aufbauend auf den erzielten Ergebnissen ist es möglich, von der stationären Betrachtung des Filters in eine transiente, bei der vor allem Fragestellungen wie die lokale Beeinflussung der Strömungsausprägung innerhalb des Partikelfilters aufgrund der lokal berechneten Rußablagerungen im Vordergrund stehen, überzugehen.

Kapitel 7

Transiente Beladung des Partikelfilters

Die erfolgreiche, stationäre Berechnung des Partikelfilters stellt den Intialzustand des Partikelfilters dar. Im realen Betrieb belädt sich der Filter über die Betriebszeit, indem er den Ruß des Abgases aus dem Aerosol trennt. Durch diese Beladung verändern sich lokal die Eigenschaften der Durchströmung des Filters in Abhängigkeit von der abgeschiedenen Rußmasse, indem sich die frei durchströmbare Querschnittsfläche des porösen Filterstoffes verringert. Im Zusammenspiel des sich über die Berechnungsschritte beladenden Filtervlieses mit den unterschiedlichen Schaufelgeometrien des 1-Lagen- bzw. 9-Lagenmodell müssen sich jeweils andere Beladungscharakteristiken ergeben. Wie bereits die Berechnung der Filtereffektivität an sich, ist die Berücksichtigung der Rückwirkung des abgeschiedenen Rußes auf die Strömungsausprägung in den Filterstrukturen nicht Bestandteil kommerzieller Strömungslöser. Dieses Kapitel widmet sich daher der Umsetzung der in Kap. 5.5 vorgestellten Zusammenhänge der zeitabhängigen Filterbeladung in einer wirtschaftlich umsetzbaren Routine zur Berechnung der Filterbeladung.

Für die Beschreibung der Beladung wird ein quasi-stationärer Ansatz gewählt. Quasi-stationär bedeutet im hier betrachteten Fall, dass für die numerische Beschreibung zunächst ein Strömungsfeld gelöst wird, welches über die Dauer des einzelnen Zeitschrittes stationär ist, bzw. sich in seinen Strömungseigenschaften nicht ändert. Diese Wahl begründet sich in der Tatsache, dass die den Filtrationsprozess bestimmenden Zeitschrittweiten, wie der mit der Beladung steigende Druckverlust, groß sind im Vergleich mit Zeitschrittweiten einer instationären Strömung ([Deu09]).

Analog zur stationären Berechnung der Filtereffektivität bildet die Strömungsfeldberechnung die Basis der Partikelbahnberechnung, welche mit der gleichen Partikelverteilung als Eingangsgröße durchgeführt wurde, wie sie bereits in der stationären Berechnung vorgestellt wird. Das Ergebnis der stationären Berechnungen ist die Kenntnis der lokalen Rußabscheidung in den Strukturen des Filtervlieses. Grundlegende Idee der transienten Erweiterung dieser Ergebnisse ist es, ausgehend von der lokal abgeschiedenen Rußmasse in der aktuellen Volumenzelle der Diskretisierung, die ortsabhängige Veränderung der Eigenschaften des porösen Mediums zu bestimmen und mit einer lokalen Beschreibung des porösen Mediums ein neues, aktualisiertes Strömungsfeld zu berechnen und so das transiente Verhalten von Beladungsschritt zu Beladungsschritt darzustellen.

Die Simulation wird mit den bereits in Kap. 5 vorgestellten und berechneten 1-Lagen- und 9-Lagenmodell durchgeführt. Als Randbedingungen dienen die ebenfalls aus der stationären Berechnung bekannten konstanten Eingangsgeschwindigkeiten $4\,\frac{m}{s}$ bzw. $20\,\frac{m}{s}$ sowie der Umgebungsdruck p_0, welcher am Auslass anliegt.

Die Zeitabhängigkeit der Betrachtungsweise liegt in der Berücksichtigung der lokalen Beladung, welche eine Rückwirkung auf die Ausprägung des Strömungsfeldes hat und in den einzelnen Volumenzellen der Vernetzung in den UDM Variablen gespeichert ist. Aufbauend auf die konvergierte, stationäre Lösung des Strömungsfeldes wird die transiente Berechnung gestartet, indem, wie bereits erwähnt, die aus dem stationären Partikeldurchgang bekannte, lokale Beladung verwendet wird, um in diesem lokalen Bereich die Packungsdichte zu bestimmen und damit die lokalen Widerstandskoeffizienten des porösen Mediums (vgl. jeweils Kap. 5.5) zu berechnen sowie aus dem äquivalenten, lokalen Faserdurchmesser die aktuelle Einzelfasereffektivität (vgl. Kap. 4.5) zu bestimmen.

Exemplarisch werden zunächst die Eigenschaften des Berechnungsansatzes für ausgewählte Führungsgrößen am Beispiel der Simulation des 1-Lagenmodells mit einer Eingangsgeschwindigkeit von 4 $\frac{m}{s}$ für die ersten 150 Iterationen bei einer Zeitschrittweite von 1800 s im Folgenden näher erläutert.

7.1 Beladung

Die Berechnung der Beladungsmasse ist das Ergebnis der in Kap. 6 dargelegten Betrachtungen. Grundlage des gewählten, quasi-stationären Ansatzes ist, dass über die Berechnungsdauer die Rußbeladung der einzelnen Volumenzellen des Filtervlieses anwächst. Diese Rußbeladung stellt die Rußablagerung innerhalb des Filters dar, mit denen die transienten Berechnungen durchgeführt werden können. Erst mit dem Anwachsen der Beladungsmasse werden die von ihr abhängigen Größen, wie das Sinken der Porosität, das Anwachsen des Faserdurchmessers und das Wachsen der Widerstandskoeffizienten, berechnet.

Masse

Abb. 7.1 zeigt die mittlere bzw. maximale Beladung der einzelnen Volumenzellen des Filters sowie die Aufsummierung der abgelagerten Rußmasse aller Volumenzellen. Es ist zu erkennen, dass die Beladung zunächst stark anwächst, um dann in einer Sättigung abzuflachen. Der hohe Anfangsgradient in der Rußbeladungskurve ist auf eine Beladung der zunächst effektivsten Bereiche im Innenren des Filtervlieses zurückzuführen. In diesen Bereichen herrschen erwartungsgemäß ideale Geschwindigkeiten für eine hohe Einzelfasereffektivität (vgl. Abb. 4.8). Sind diese Bereiche gefüllt, muss das Strömungsfeld sich im Filter anders ausprägen, so dass das Filtervlies an weniger effektiven Stellen oder lokal gar nicht mehr durchströmt wird. Ergebnis dieser andersförmigen Strömungsausprägung ist, dass weniger Masse pro Beladungsschritt abgeschieden wird.

Auf eine Darstellung der Minimalbeladung der Volumenzellen wird verzichtet, da aufgrund der konstruktiven Gegebenheiten des Filters zu jedem Zeitpunkt Volumenzellen in den Strukturen des Filtervlieses gegeben sind, welche nicht beladen werden.

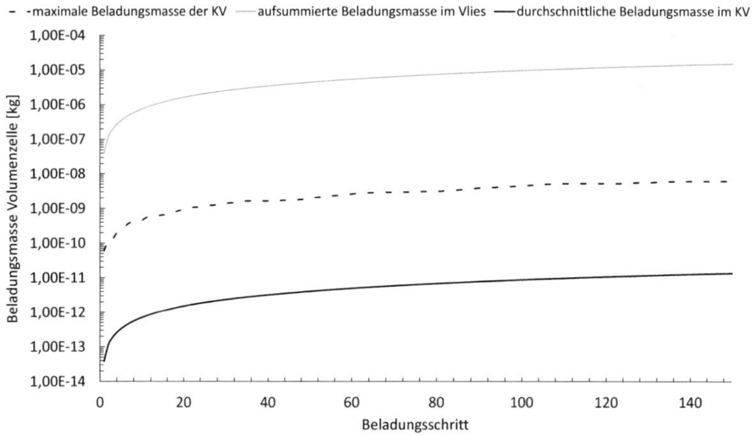

Abb. 7.1: Darstellung der durchschnittlichen Beladungsmasse in einer Volumenzelle

Faserdurchmesser

Das mittlere Wachstum der Einzelfasern innerhalb des Filtervlieses ist in Abb. 7.2 dargestellt. Die Definition des äquivalenten Faserdurchmessers aus der abgelagerten Rußmasse findet sich im Verlauf des über die Berechnungszeit anwachsenden Faserdurchmessers wieder. So beginnt dieser beim initialen Faserdurchmesser von $22\,\mu m$ und steigt stetig monoton an. In der Abbildung wird zusätzlich der maximale und minimale Faserdurchmesser der einzelnen Volumenzellen dargestellt.

Ersichtlich ist, dass bereits mit dem ersten Partikeldurchgang es Bereiche im Filtervlies gibt, welche den Maximalwert des Faserdurchmessers annehmen und ebenfalls Bereiche, an denen der Faserdurchmesser seinen Initialwert über die gesamte Berechnungszeit beibehält. Die in der Betrachtung der Beladung erwähnten Bereiche, in denen kein Ruß abgelagert wird, finden sich auch in der Betrachtung des minimal auftretenden Faserdurchmessers wieder, welcher über die gesamte Berechnungszeit den Initialwert von 22 μm beibehält. Das Auftreten des Maximaldurchmessers, im betrachteten Fall 48 μm, in mindestens einer Zelle bereits nach dem ersten Beladungsschritt zeigt, dass die Zeitschrittweite von 1800 s eine zu geringe Auflösung für die Darstellung des Füllvorgangs der effektivsten Volumenzellen darstellt.

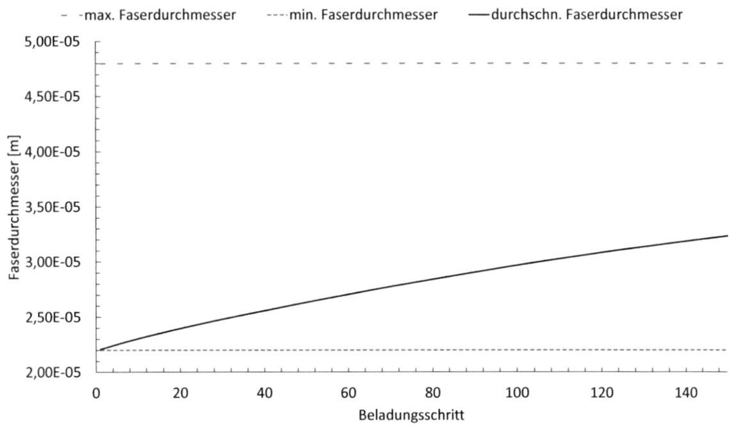

Abb. 7.2: Darstellung des durchschnittlichen Faserdurchmessers im Filtervlies

Porosität

Abb. 7.3 zeigt die mittlere Porosität der Volumenzellen im Filtervlies. Durch die Definition der zeitlich abnehmenden Porosität über die abgelagerte Rußmasse und die wachsenden Faserdurchmesser muss die Porosität direkt proportional zu diesen Größen sein. Analog Abb. 7.2 zeigt sich für die Porosität ein stetig monoton fallender Verlauf über den Berechnungszeitraum. Zusätzlich zur mittleren Porosität sind ebenfalls die minimale und die maximale Porosität aufgetragen.

Weiterhin zeigen sich analog zum Faserdurchmesser auch wieder Volumenzellen, die bereits mit der ersten Iteration mit Ruß gefüllt werden, und

Volumenzellen, welche ihre Ausgangsporosität behalten, also nicht über den Zeitraum, der berechnet wurde, beladen werden.

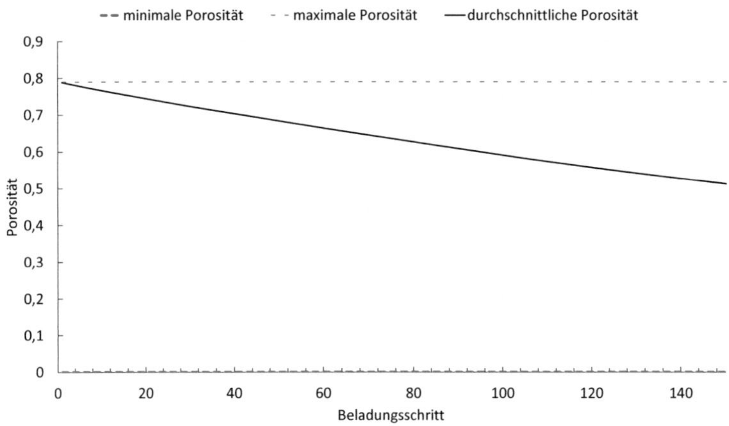

Abb. 7.3: Darstellung der durchschnittlichen Porosität im Filtervlies

Massenabscheidungsrate

In Abb. 7.4 ist die mittlere Massenabscheidungsrate der einzelnen Volumenzellen über die einzelnen Beladungsschritte dargestellt. Der Verlauf der Massenabscheidungsrate pro Beladungsschritt stellt sich qualitativ als wachsende Größe über die Zeit dar. Dieser Umstand ist auf die mit der Beladung wachsenden Fasern zurückzuführen. Im Vergleich mit der mittleren Beladungsmasse (vgl. Abb. 7.1) zeigt sich jedoch kein Anstieg im Gradienten der abgelagerten Masse. Daher ist davon auszugehen, dass der Anstieg der mittleren Massenabscheidungsrate der Volumenzellen im betrachteten Zeitraum zu gering ist, um deutliche Effekte in der mittleren Beladungsmasse zu generieren.

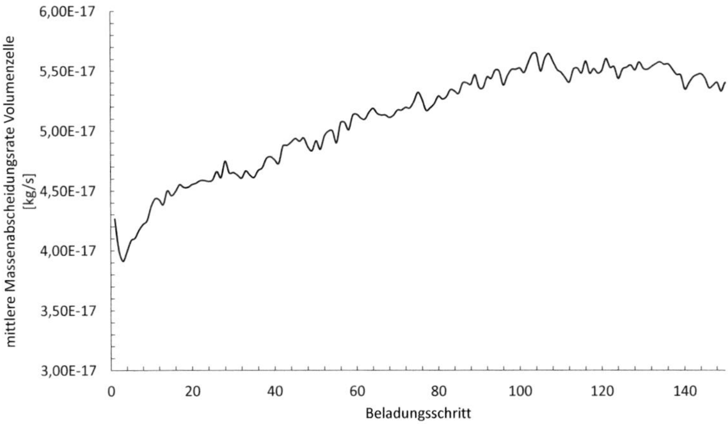

Abb. 7.4: Mittlere Massenabscheidungsrate der Volumenzellen pro Beladungsschritt

7.2 Druckverlust und Penetration

Neben den aufgeführten Größen, welche von der lokalen Beladung abgeleitet werden, sind auch die Größen, die nicht direkt von der Beladungsmasse abhängen, von großer Bedeutung für die durchgeführten Berechnungen. Zu diesen Größen zählen vor allem der Verlauf des Druckverlusts und der Partikelpenetration des Filters über die Berechnungsdauer.

Druckverlust

Die vorgestellten Änderungen in der Packungsdichte und im Faserdurchmesser führen nach Gl. (5-47) zu einem lokal erhöhtem, lokalen Widerstand des Filtervlieses. Abb. 7.5 stellt den durch das 1-Lagenmodell generierten Druckverlust über den berechneten Zeitraum von 150 Beladungsschritten dar. Anfangs zeigen sich leichte Schwankungen im Verlauf des Gegendrucks, welche aus dem Übergang von stationärer zu einer transienten Berechnung herrühren. Der weitere Verlauf stellt sich linear dar. Dieser lineare Verlauf zeigt den Verlauf des Druckverlusts für eine Ablagerung des Rußes in der Tiefe des Filtervlieses.

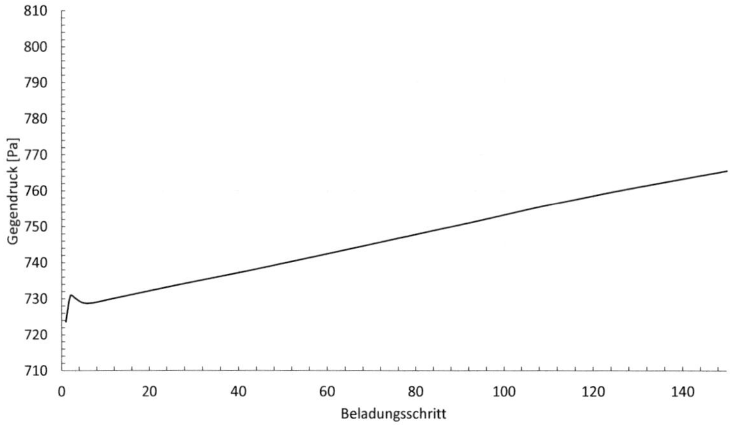

Abb. 7.5: Darstellung des flächengewichteten, mittleren Gegendrucks an der Einlassfläche des Filtermodells über den berechneten Zeitraum von 150 Beladungsschritten

Mit dem Übergang dieser typischen Tiefenfiltration zu einem gefüllten Filter muss diese Kurve soweit abflachen, bis sie asymptotisch gegen einen Grenzwert verläuft. Insgesamt steigt der Druckverlust innerhalb der 150 Beladungsschritte um ca. $55\ Pa$.

Penetration

Das Anwachsen der Effektivität in der Partikelabscheidung muss sich auch in der Penetration des Filters mit Partikeln widerspiegeln. Hinsichtlich der Penetration kommt es zu zwei Effekten. Zum einen leiten die Schaufelstrukturen des Filters mit wachsender Beladung den Abgasstrom eher durch die Bypassflächen, was bedeutet, dass die Penetration des Filters steigt, und zum anderen werden lokal die Fasern effektiver in der Abscheidung von Partikeln, was besagt, dass die Penetration des Filters abnimmt.

In der Betrachtung der einzelnen Kontrollvolumen des Filtervlieses muss sich die Penetration annähernd konstant zeigen, da auch auf dieser Betrachtungsebene einerseits beladene Volumenzellen effektiver werden, jedoch auf der anderen Seite einen höheren Strömungswiderstand aufweisen.

Abb. 7.6 zeigt die mittlere Penetration der einzelnen Kontrollvolumen mit einem Startwert von 97 %. Über die Berechnungsdauer zeigt sich eine leichte Erhöhung der Penetration, was bedeutet, dass die Volumenzellen des Filtervlieses insgesamt ineffektiver werden, da durch die Erhöhung des Strömungswiderstands einzelner Volumenzellen sich das partikelbeladene Fluid auf anderen Trajektorien durch den Filter bewegt und somit auch mit anderen Filtrationskonditionen das Filtervlies quert.

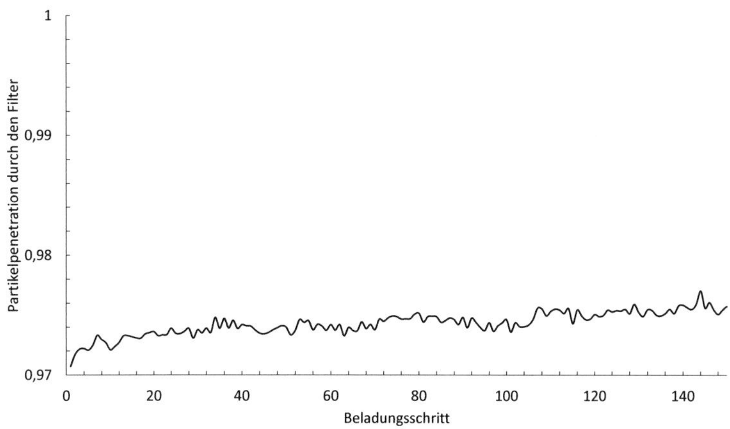

Abb. 7.6: Darstellung der mittleren Partikelpenetration der Kontrollvolumen über den berechneten Zeitraum von 150 Beladungsschritten

7.3 Langzeitverhalten der Beladung des Filters

Ein Partikelfilter durchläuft im realen Betrieb verschiedene Betriebsstadien. Diese einzelnen Stadien sind durch einen charakteristischen Gegendruckverlauf einteilbar.

Im Falle des offenen Dieselpartikelfilters steigt zunächst der durch den Filter generierte Gegendruck durch die Einlagerung des Rußes im Inneren des Filtervlieses stark an, um sich dann mit einer vollständigen Beladung des Filtervlieses asymptotisch einem Sättigungswert zu nähern. Das Erreichen dieses Sättigungswertes bedeutet für den Betrieb des Filters, dass der partikelbeladene Abgasstrom den Filter hauptsächlich die Bypassflächen passiert. Im Umkehrschluss bedeutet dieser Umstand, dass die Filtrationsleistung des Filters einen Minimalwert erreicht. Im realen Betrieb würde sich der Filter unter günstigen Betriebsparametern passiv regenerieren, diese Regeneration ist jedoch noch nicht im Simulationsansatz hinterlegt.

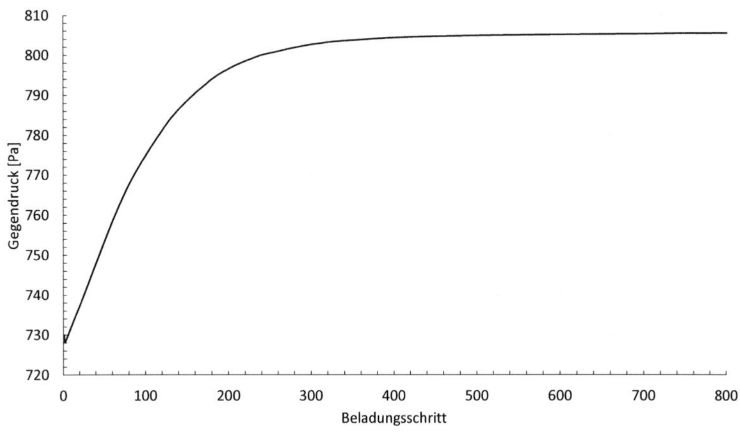

Abb. 7.7: Darstellung des Verlaufs des Gegendrucks des 1-Lagenmodells über einen Berechnungszeitraum von 800 Beladungsschritten

In einer stabilen Simulation muss sich dieses Verhalten widerspiegeln, wenn die Berechnung über einen längeren Zeitraum durchgeführt wird. Folgende Abbildung zeigt den Verlauf des Gegendrucks des 1-Lagenmodells bei einer Eingangsgeschwindigkeit von $4 \, \frac{m}{s}$ und einer Berechnungsdauer von 800 Beladungsschritten. Deutlich sind zwei charakteristische Bereiche zu unterscheiden. Zunächst wächst der Wert des Gegendrucks stark an. In diesem Bereich ist der Filter sehr effektiv und lagert die Partikel im Inneren des Filtervlieses an. Der zweite erkennbare Bereich nähert sich, wie zuvor beschrieben, asymptotisch einem Sättigungswert an. In diesem Bereich kann der partikelbeladene Abgasstrom nicht mehr ungehindert das Filtervlies durchdringen und der Ruß wird nicht mehr effektiv abgelagert, weswegen keine großen Zuwächse im Druckverlust mehr generiert werden können.

Abschließend ist zu dieser Betrachtung festzuhalten, dass die Methodik auch bei einer Langzeitberechnung stabil funktioniert und physikalisch belegbare Ergebnisse generiert.

7.4 Plausibilisierung der Berechnung von Beladungsmasse und Penetration

Aus Kap. 6.3.3 ist die Plausibilisierung mit Hilfe der Messung des fraktionellen Abscheidegrads des Filtervlieses bekannt. Eine Beladung des Filtervlieses mit einem definiert beladenen Aerosol sowie die Messung des Gegendrucks über den die Beladung dauernden Zeitraum liefert in einer Modifizierung des bekannten Versuchs den Verlauf des Gegendrucks über die Beladung des Filtervlieses.

Dieser Versuch lässt sich ebenfalls numerisch nachvollziehen, so dass der transienten Entwicklung der UDF eine hinreichende Vertrauensbasis gegeben werden kann.

Abb. 7.8 zeigt den gemessenen bzw. simulierten, transienten Druckverlust über den bereits vorgestellten Versuchsaufbau bis zu einer Beladung von $0,2\,\frac{g}{m^2}$. Es ist zu erkennen, dass der Verlauf des Druckverlusts über das Simulationsmodell sich als monoton steigende Kurve darstellt. Dies ist der erwartungsgemäße Verlauf für ein solches Rohrmodell, da es im Gegensatz zum Partikelfiltermodell keine Bypassflächen gibt, so dass das Filtervlies komplett beladen wird, bis die Strömungsquelle den Gegendruck des beladenen Filtervlieses nicht mehr überwinden kann. Weiterhin ist zu erkennen, dass dieser monoton steigende Verlauf sich ebenfalls in der gemessenen Kurve wiederfindet. Die quantitativen Unterschiede zwischen der gemessenen und simulierten Kurve betragen zwischen $10\,\%$ und $15\,\%$ und sind auf die Empfindlichkeit des Berechnungsansatzes hinsichtlich der Eingangsparameter wie zum Beispiel die Dichte der Partikel und der sich in den Ablagerungen bildenden Packungsdichte[8] der Ablagerungen zurückzuführen.

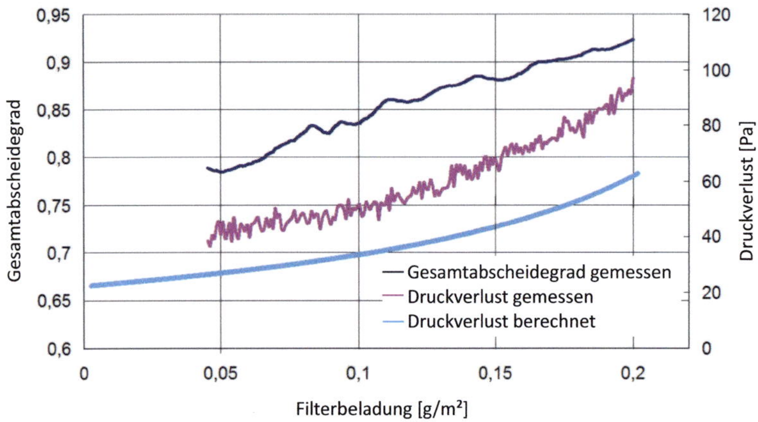

Abb. 7.8: Darstellung des transienten Druckverlusts gemessen und berechnet bis zu einer Beladung von $0,2\, m\, s^{-1}$

Die gezeigten Ergebnisse zeigen, dass der gewählte Modellansatz und insbesondere seine Umsetzung Ergebnisse mit einer hohen Vertrauensbasis generiert und für weiterführende Untersuchungen verschiedenster Filterauslegungen verwendbar ist.

7.5 Fazit der Berechnung von Beladungsmasse und Penetration

Die Berechnung der transienten Filtration erfolgt mit Hilfe einer UDF Erweiterung des DPM-Modells im Programm FLUENT. In den Berechnungen

[8] entsprechend der stationären Versuchsnachrechnung wird eine Partikeldichte von $\rho = 2000\, \frac{kg}{m^3}$ und eine Packungsdichte von $0,74$ vorgegeben

wird eine sehr langsame Beladung des Filters und der daraus folgenden geringen Beeinflussung der den Filter beschreibenden Größen mit einer transienten Simulation mit quasi-stationären Beladungsschritten durchgeführt. Im quasi-stationären Strömungsfeld wird das DPM-Modell zur Beschreibung der Effekte der Filtereffektivität auf den Massenstrom der Partikel angewendet. Der Effekt der Beladung des Filters wird mit dem Modell lokal, konzentrisch-radial wachsender Fasern umgesetzt. Während der transienten Beladung des Filters berechnet die Methodik im lokalen Bereich zu jedem Beladungsschritt in Abhängigkeit der abgeschiedenen Rußmasse den Faserdurchmesser und die Porosität. In Abhängigkeit dieser Größen werden dann die lokale Einzelfasereffektivität und die lokalen Koeffizienten der Druckverlustgleichung aktualisiert.

Die Funktionen zur Aktualisierung der Zustandsgrößen des Filtervlieses werden über eine Simulationszeit von 150 Beladungsschritten am 1-Lagenmodell erläutert und bewertet. Während dieser Berechnungszeit zeigen die betrachteten Parameter ein physikalisch plausibles Verhalten.

Abschließend wird der Ansatz dazu verwendet, einen Versuch der TH Karlsruhe [EMI12] in der Simulation nachzuvollziehen. Verglichen wird dabei der transiente Druckverlust als Führungsgröße für den Betrieb eines Filters. Auch in diesem direkten Vergleich von Messwerten mit Simulationswerten zeigt sich, dass die Methode in der Lage ist, die Beladung von Filtervliesen realitätsnah in der Simulation wiederzugeben.

Die entwickelte UDF ermöglicht die Berechnung verschiedenster Filtermodelle. So ist die UDF für den universellen Einsatz an allen möglichen Variationen der vorliegenden Filtergrundkonstruktion verwendbar. Mit einer Aktualisierung der in der UDF hinterlegten Filterparameter ist ein Einsatz der UDF ebenfalls für jegliche Aerosolfilter möglich.

7.6 Vergleich des Beladungsverhaltens verschiedener Filtermodelle

Die aus Kap.5.1 bekannten beiden Modelle zeigen in der stationären Berechnung des Initialzustands unterschiedliches Verhalten. Vor allem in Bezug auf die Filtrationseigenschaften und den über die Filterstruktur generierten Gegendruck (vgl. Kap. 6.1.1) können die untersuchten Modelle differenziert werden.

Im Folgenden wird das transiente Verhalten dieser Modelle näher betrachtet. Dies ist von Interesse, da die Entwicklung der genannten Eigenschaften mit anwachsender Beladung für den Einsatz der Filter entscheidend ist. Der Betrachtungszeitraum umfasst jeweils 500 Beladungsschritte mit der aus Kap. 7.1 bekannten Zeitschrittweite von $1800\,s$.

Gegendruck

Abb. 7.9 zeigt den Verlauf des Gegendrucks über den betrachteten Zeitraum. In der Abbildung ist die Skalierung dem Druckverlust des jeweiligen Modells bzw. der Anströmgeschwindigkeit angepasst. Im direkten Vergleich der Werte der beiden Varianten bei Eingangsgeschwindigkeiten von $4\,\frac{m}{s}$ und $20\,\frac{m}{s}$ zeigt sich, dass die in Kap. 6.1.1 berechneten Druckverluste sich als Initialdruckverluste wiederfinden.

Tab. 7.1: Initial- und Endgegendruck der einzelnen Varianten über 500 Beladungsschritte

Filtermodell	Einlass-geschwindigkeit	Initialgegendruck	Endgegendruck
1-Lagenmod.	$4\,\frac{m}{s}$	$723\,Pa$	$801\,Pa$
1-Lagenmod.	$20\,\frac{m}{s}$	$7397\,Pa$	$7429\,Pa$
9-Lagenmod.	$4\,\frac{m}{s}$	$1565\,Pa$	$1662\,Pa$
9-Lagenmod.	$20\,\frac{m}{s}$	$15638\,Pa$	$19137\,Pa$

Weiterhin zeigen die Ergebnisse, dass der Verlauf des Druckverlusts jeweils monoton steigend ist und erwartungsgemäß das 9-Lagenmodell über den Berechnungszeitraum ein höheres Druckverlustniveau zeigt. Dies liegt, wie bereits im stationären Fall erläutert (Kap. 6.1.1), an der Ausrichtung der einzelnen Schaufeln und der längeren Geometrie des Modells.

In dieser Auswertung ist zu beachten, dass die Widerstandskoeffizienten nach Gl. (5-47), welche über die Koeffizienten C_1 und C_2 an die Messwerte aus Kap. 5.3 angenähert wurden, modelliert werden.

Der allgemeine Verlauf des transienten Gegendrucks ist mit den Beladungs- bzw. Strömungseigenschaften der beiden unterschiedlichen Schaufelausrichtungen der beiden Modelle zu begründen. So generiert das 9-Lagenmodell durch die Schaufelausrichtung grundlegend einen höheren Druckverlust, hat aber im Gegenzug besonders bei kleineren Partikeln und höheren Geschwindigkeiten eine bessere Abscheideeffektivität (vgl. Abb. 6.16 bzw. 6.17).

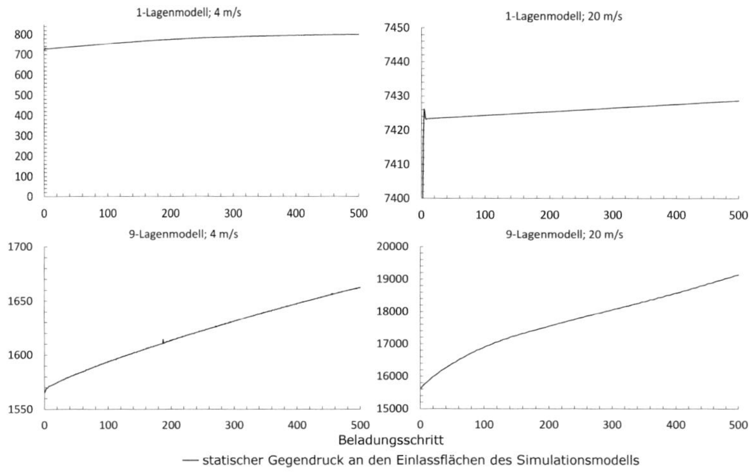

Abb. 7.9: Darstellung des transienten Druckverlusts gemessen und berechnet für die ersten 500 Beladungsschritte

Beladungsmasse

Ein ähnliches Bild zeigt der Verlauf der berechneten, abgeschiedenen Beladungsmasse. Die in der Darstellung des Druckverlusts wiedergegebenen Eigenschaften zeigen sich ebenfalls im Verlauf der innerhalb der einzelnen

Volumenzellen des Filtervlieses gespeicherten Rußmasse bzw. der Aufsummierung der im Filterabschnitt gespeicherten Rußmasse.

Aufgrund der unterschiedlichen Größen der zwei Geometrievariationen, wird das 1-Lagenmodell zu einem 9-fachen Lagenpaket zusammengefasst. Grundlegend entwickelt sich die Beladung für alle Betrachtungen als monoton steigende Kurve, welche zunächst mit einem starken Gradienten ansteigt, um dann im weiteren Verlauf abzuflachen. Dieses Verhalten wurde bereits in Kap. 7.1 dargelegt.

Im Speziellen zeigt sich das bereits bei der Darstellung des Anwachsens des Druckverlusts gezeigte Bild. So lagert sich vor allem im 9-Lagenmodell bei hohen Geschwindigkeiten viel Rußmasse ab. Bei beiden betrachteten Eingangsgeschwindigkeiten zeigt das 9-Lagenmodell eine bessere Abscheideleistung als das 1-Lagenmodell, weist aber wie in Abb. 7.9 dargestellt einen höheren Gegendruck auf.

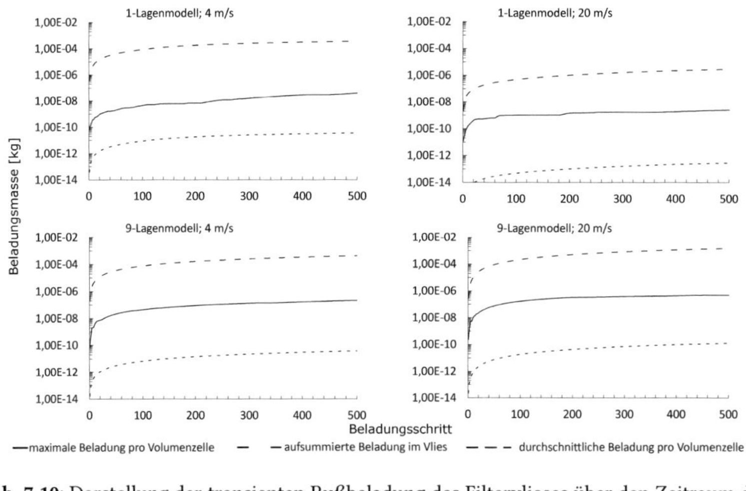

Abb. 7.10: Darstellung der transienten Rußbeladung des Filtervlieses über den Zeitraum der ersten 500 Beladungsschritte

Die im stationären Fall für das 1-Lagenmodell dargestellten, schlechteren Effektivitäten bei niedriger und hoher Eingangsgeschwindigkeit in allen Partikelklassen zeigen sich ebenso in der transienten Berechnung. Entscheidend bei der Aufsummierung der eingelagerten Rußmasse ist insbesondere der Unterschied in der Anzahlkonzentration der kleinen bzw. großen Partikeldurchmesser. Die kleineren Partikeldurchmesser dahingegen weisen eine viel höhere Anzahl in den einzelnen, fraktionellen Partikelinjektionen auf als die Injektionen größerer Partikel mit $400\,nm$ und $600\,nm$, die wiederum eine viel höhere Masse aufweisen. Wird durch die geometrischen oder strömungstechnischen Randbedingungen die Abscheidung kleinerer Partikelgrößen begünstigt, so führt dies aufgrund die geringen Masse der Partikel zu einer geringeren, abgelagerten Gesamtmasse.

Dahingegen ist das 9-Lagenmodell bei beiden Eingangsgeschwindigkeiten effektiver als das 1-Lagenmodell. Es zeigt somit auch in den durchgeführten, transienten Berechnungen insgesamt eine bessere Abscheideeffektivität als das 1-Lagenmodell. An dieser Stelle kommt das Design des 9-Lagenmodells zum Tragen, welches zur Folge hat, dass die Strömungsrichtung sich umkehrt. Diese Umkehr der Strömungsrichtung führt wiederum dazu, dass es zu mehr Durchströmungen des Filtervlieses mit jeweils günstigeren Strömungsparametern für eine Abscheidung kommt.

Die Gestaltung der einzelnen Schaufeln des 1-Lagenmodells ist in der Darstellung der abgelagerten Rußmasse im Filtervlies zu erkennen.

Abb. 7.11 zeigt die aktuelle Rußbeladung für die berechneten Beladungsschritte $25,\; 50,\; 75,\; 100,\; 200,\; 300,\; 400$ und 500 bei einer Eingangsgeschwindigkeit von $4\,\frac{m}{s}$.

Es ist erkennbar, dass sich, wie bereits in Abb. 6.22 dargestellt, die Rußmasse oberhalb der eingeprägten Schaufel anlagert und zunächst den vorderen Teil des Filters zusetzen. Mit wachsender Beladung setzt sich dieser vordere Teil soweit zu, dass sich das Strömungsfeld innerhalb des Filters anders als im Fall eines unbeladenen Filtervlieses ausprägt und der Filter zwangsweise weiter in Richtung des Auslasses beladen wird.

Abb. 7.12 zeigt für den Fall des 9-Lagenmodells ein ähnliches Verhalten. So belädt sich ebenfalls zunächst der vordere Bereich des Filters, um im Verlauf der Beladung auch die hinteren Bereiche aufzufüllen.

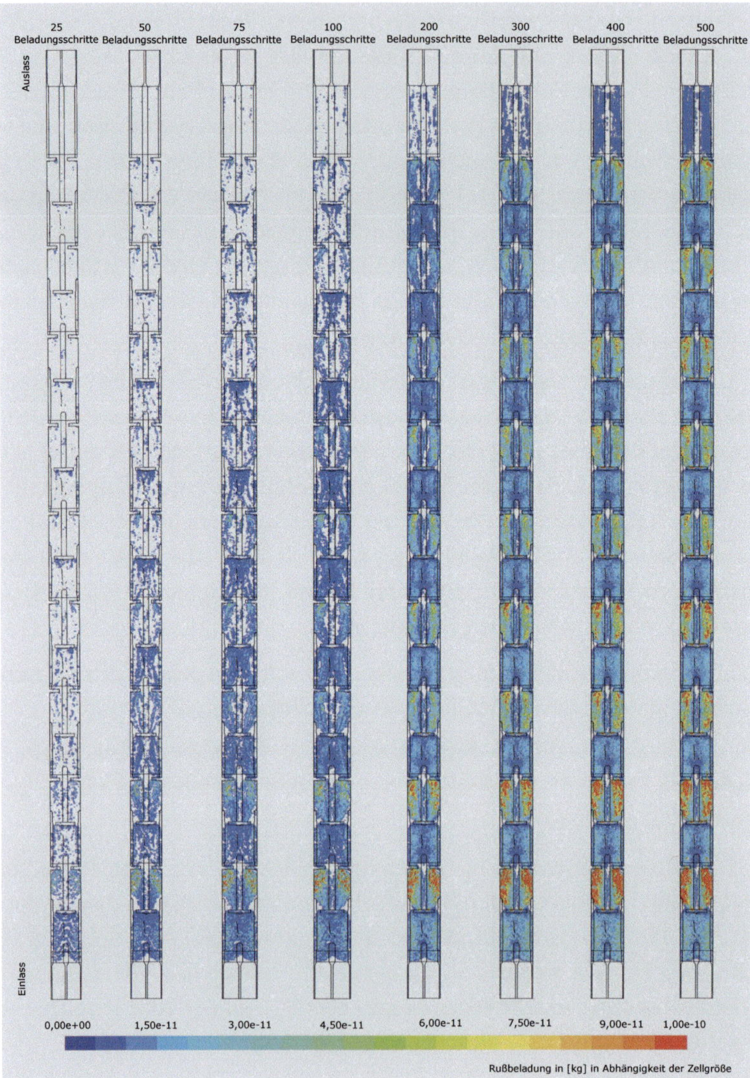

Abb. 7.11: Darstellung der transienten Entwicklung der lokalen Rußbeladung im Filtervlies des 1-Lagenmodells der Beladungsschritte 25, 50, 75, 100, 200, 300, 400 und 500 bei niedriger Eingangsgeschwindigkeit

Abb. 7.12: Darstellung der transienten Entwicklung der lokalen Rußbeladung im Filtervlies des 9-Lagenmodells der Beladungsschritte 25, 50, 75, 100, 200, 300, 400 und 500 bei niedriger Eingangsgeschwindigkeit

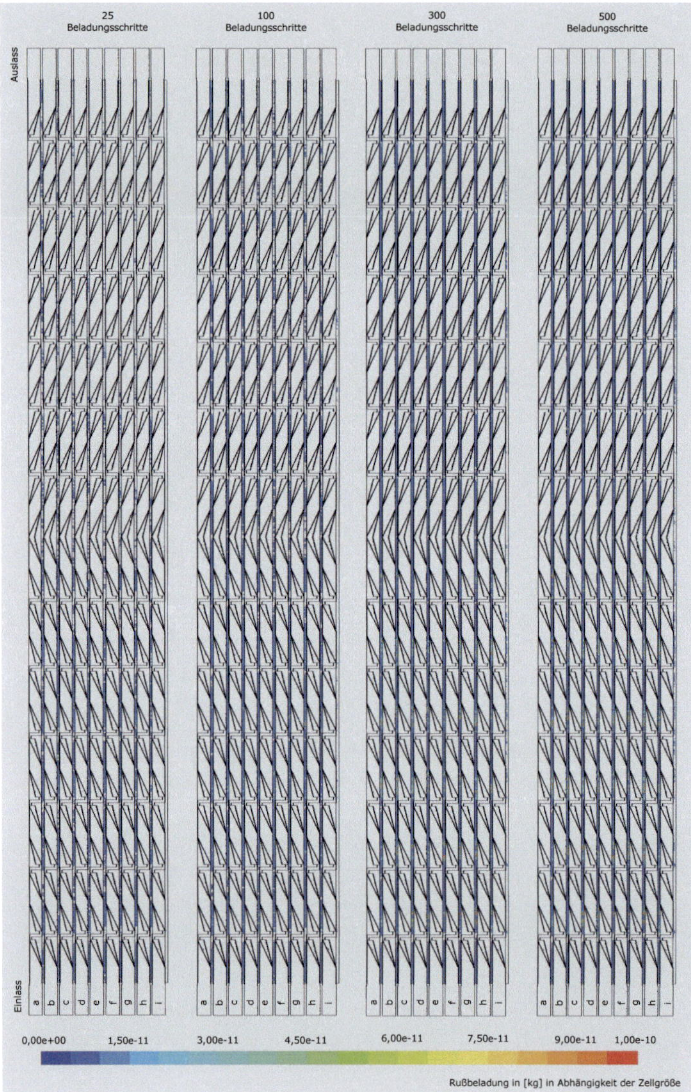

Abb. 7.13: Darstellung der transienten Entwicklung der lokalen Rußbeladung im Filtervlies des 9-Lagenmodells der Beladungsschritte 25, 50, 75, 100, 200, 300, 400 und 500 bei niedriger Eingangsgeschwindigkeit, Seitenansicht

Insbesondere der Bereich nach der vierten Zelle verdeutlicht den Einfluss der Umkehr der Hauptströmungsrichtung mit Bereichen, welche sich erst sehr spät bzw. weniger beladen. Diese Eigenschaft ist ebenfalls in der Seitenansicht (Abb. 7.13) ersichtlich. Weiterhin ist zu erkennen, dass mit dem Entstehen einer Wandrandbedingung durch das Aufeinandertreffen gleichgerichteter Leitschaufeln nach der Wicklung des Filters die untere Lage nahezu unbeladen bleibt und nicht zur Effektivität des Filters beiträgt.

Ebenfalls ist zu erkennen, dass für das 9-Lagenmodell die einzelnen Volumenzellen nicht so stark beladen werden wie im 1-Lagenmodell, was zum einen an der Wahl der Randbedingungen[9] und zum anderen an der Betrachtungsrichtung von oben auf das Modell liegt[10].

Faserdurchmesser

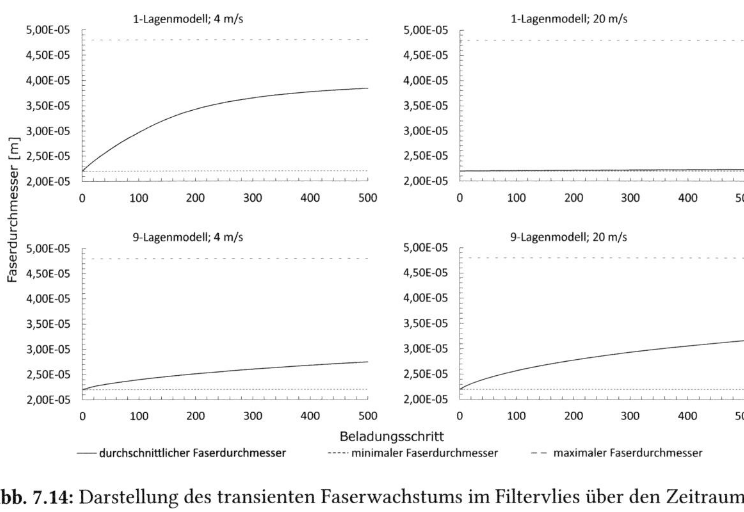

Abb. 7.14: Darstellung des transienten Faserwachstums im Filtervlies über den Zeitraum der ersten 500 Beladungsschritte

[9]Wandrandbedingung des 9-Lagenmodells anstatt periodische Randbedingung beim 1-Lagenmodell an Ober- und Unterseite des Modells

[10]Nur die erste Lage ist frei erkennbar

Die Betrachtung des transienten Wachstums der Einzelfasern im Filtervlies (Abb. 7.14) verdeutlicht ebenfalls die bereits erörterten Eigenschaften der beiden Simulationsmodelle bei den verschiedenen Eingangsgeschwindigkeiten.

Allgemein zeigt sich auch in dieser Betrachtung eine monoton steigende Kurve für den mittleren Faserdurchmesser im Filtervlies. Ebenfalls existieren in beiden Modellen für beide Geschwindigkeiten die aus Kap. 7.1 bekannten Volumenzellen, welche bereits im ersten Schritt komplett beladen oder aber über den gesamten Zeitrum nicht beladen werden. Das 1-Lagenmodell erreicht über den betrachteten Zeitraum die höchsten Werte für den mittleren Faserdurchmesser im Filtervlies. Dieses Ergebnis spricht für eine höhere Beladung des Filtervlieses, welche auch durch die alternierende Schaufelausrichtung des Modells gefördert wird. Das 9-Lagenmodell weist aufgrund der zweimaligen Umkehrung der Hauptströmungsrichtung zwar eine insgesamt höhere nicht aber eine lokal höhere Beladung des Filtervlieses auf.

Erwähnenswert an dieser Stelle ist das hohe Anwachsen bzw. das geringe Wachstum des mittleren Faserdurchmessers des 1-Lagenmodells bei geringer bzw. hoher Eingangsgeschwindigkeit. Dies ist auch schon aus der Darstellung der abgelagerten Rußmasse bekannt und verdeutlicht, dass das 1-Lagenmodell insbesondere bei höheren Eingangsgeschwindigkeiten Nachteile gegenüber dem 9-Lagenmodell hat.

Porosität

Ebenfalls bereits erläutert wurde, dass die lokale Porosität direkt abhängig vom lokalen Faserwachstum ist, welches wiederum von der lokal abgelagerten Rußmasse abhängt.

Abb. 7.16 zeigt den Verlauf der mittleren Porosität für die betrachteten Modelle sowie beide Geschwindigkeiten.

Im Vergleich des 1-Lagenmodells mit dem 9-Lagenmodell zeigt sich analog zu den vorherigen Betrachtungen des Faserwachstums sowie der Beladungsmasse, dass das 1-Lagenmodell bei langsamer Eingangsgeschwindigkeit in der mittleren Porosität höhere Werte erreicht als es für das 9-Lagenmodell der Fall ist. Dieser Umstand verdeutlicht ebenfalls, dass der Ruß sich im 1-Lagenmodell mit lokal höheren Massen ablagert als im 9-Lagenmodell.

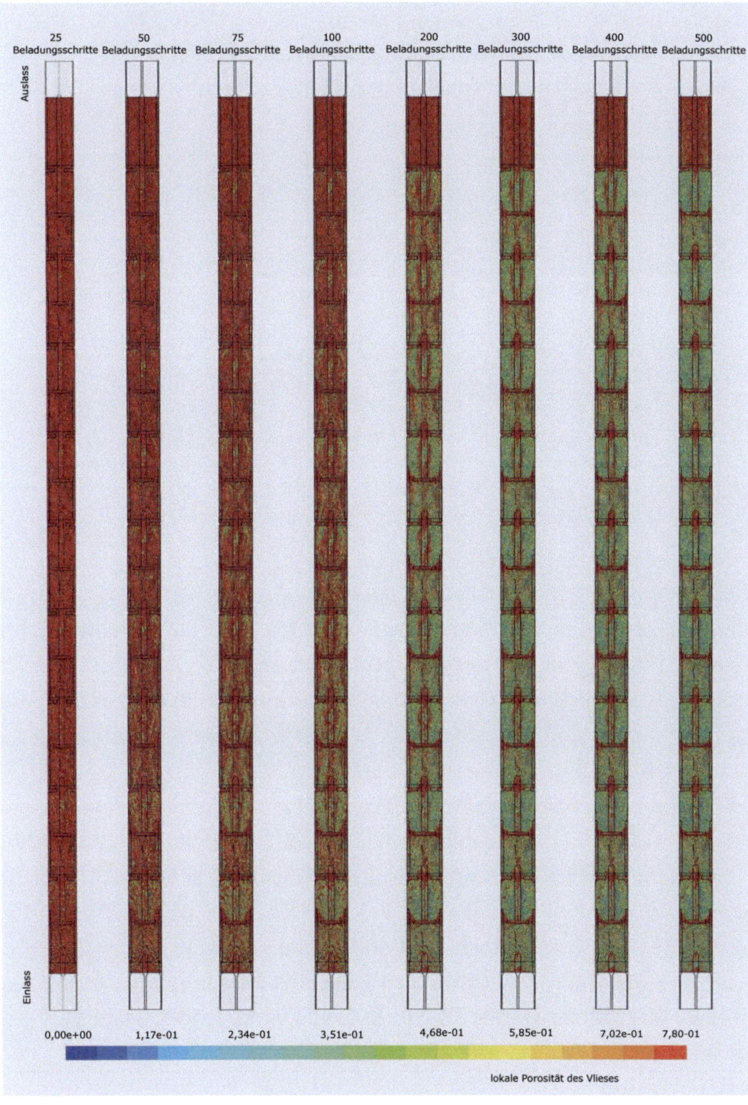

Abb. 7.15: Darstellung der transienten Entwicklung der lokalen Porosität im Filtervlies des 1-Lagenmodells in den Beladungsschritten 25, 50, 75, 100, 200, 300, 400 und 500

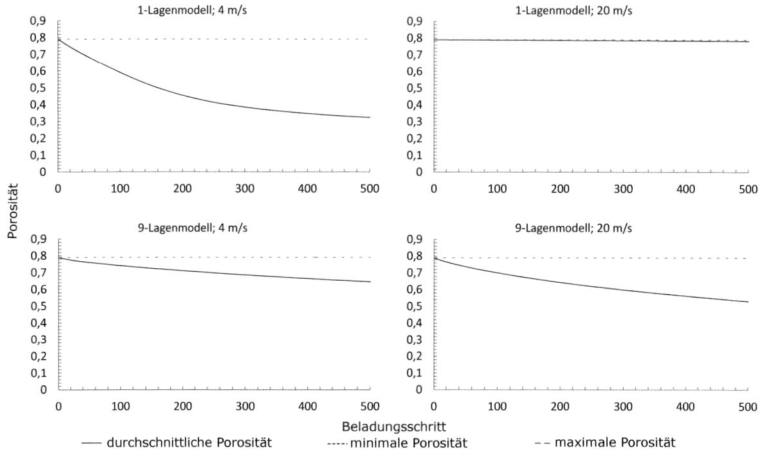

Abb. 7.16: Darstellung der Entwicklung der Porosität des Filtervlieses über den Zeitraum der ersten 500 Beladungsschritte

Weiterhin wird erneut deutlich, dass das 1-Lagenmodell im Falle der höheren Eingangsgeschwindigkeit ungeeignet ist, für diese Geschwindigkeit Rußmasse abzuscheiden. In der Darstellung der aktuellen, lokalen Porositäten ist zu erkennen, dass der Wert der mittleren Porosität im betrachteten Zeitraum nur sehr gering anwächst, was aufgrund der geringen, abgelagerten, durchschnittlichen Rußmasse zu erwarten war.

Die transiente Entwicklung der Porosität des Filtervlieses des 1-Lagenmodells bei einer Eingangsgeschwindigkeit von $4\ \frac{m}{s}$ ist in Abb. 7.15 zu sehen.

Analog zu Abb. 7.11 werden die Beladungsschritte 25, 50, 75, 100, 200, 300, 400 und 500 dargestellt. Wie bereits in der Abbildung der abgelagerten Rußmasse zeigt auch die Porosität zunächst im vorderen Teil des Filters eine Abnahme, um dann mit wachsender Beladung auch im hinteren Teil des Filters abzunehmen. Weiterhin wird auch in der Darstellung der Porosität die lokal höhere Beladung des 1-Lagenmodells sichtbar.

Penetration

In der Beschreibung der Eigenschaften der einzelnen, näher untersuchten Ergebnisse ist die Partikelpenetration der einzelnen Volumenzellen die Größe, welche zum einen von der wachsenden Beladung und zum anderen vom Anwachsen des Druckverlusts über den Gesamtfilter abhängt.

Die Betrachtung der mittleren Penetration der einzelnen Volumenzellen des Filtervlieses zeigt, dass vor allem das 1-Lagenmodell für die niedrige Eingangsgeschwindigkeit sehr gute Initialwerte aufweist, welche mit steigender Beladung abnehmen. Dieser Verlauf der Partikelpenetration weist darauf hin, dass das Modell schnell beladen ist und der steigende Druckverlust des Modells dazu führt, dass das partikelbeladene Fluid den Weg durch die Bypassflächen nimmt. Im Vergleich zu Abb. 7.6 stellt sich der weitere Verlauf der Penetration als monoton steigend bis zu einem Endwert in der Berechnung von ca. 99 % dar.

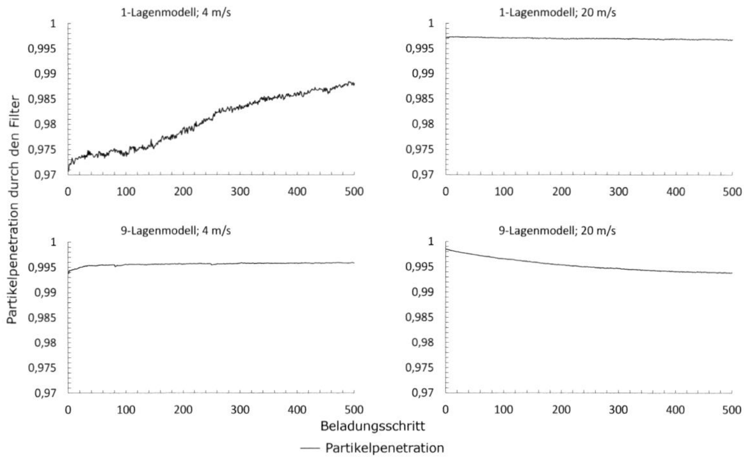

Abb. 7.17: Darstellung der transienten Entwicklung der Partikelpenetration der einzelnen Volumenzellen über den Zeitraum der ersten 500 Beladungsschritte

Im Gegensatz dazu zeigt das 9-Lagenmodell ein niedrigeres Niveau für die Initial-Penetration für beide Eingangsgeschwindigkeiten. Im Falle der niedrigen Eingangsgeschwindigkeit von 4 $\frac{m}{s}$ stellt sich der Verlauf als annähernd konstante Größe dar, welcher bei einem Wert von ca. 99 % liegt. Interessant ist in dieser Betrachtung das 9-Lagenmodell mit der höheren

Eingangsgeschwindigkeit. Für die höhere Eingangsgeschwindigkeit nimmt die Partikelpenetration der Volumenzellen ab. Das bedeutet, dass im Fall des 9-Lagenmodells die Umkehr der Ausrichtung der Leitschaufeln und damit der Hauptströmungsrichtung bewirkt, dass die Partikelpenetration mit zunehmender Beladung abnimmt.

Im Umkehrschluss bedeutet dies, dass der Druckverlust über den Filter, generiert durch die hohe Eingangsgeschwindigkeit und die Geometrie der Filterstrukturen, so hoch ist, dass das partikelbeladene Fluid trotz Beladung des Filtervlieses nicht den Weg durch die Bypassflächen nimmt.

Wie bereits in den anderen Betrachtungen sind beim 1-Lagenmodell bei der hohen Eingangsgeschwindigkeit sehr hohe Werte für die Partikeldurchdringung der einzelnen Volumenzellen zu erkennen, was wiederum die geringe Eignung des 1-Lagenmodells für eine Filtration bei hohen Eingangsgeschwindigkeiten untermauert.

Massenabscheidungsrate

Als Folge der Berechnung der Partikelpenetration des Filtervlieses ergibt sich die mittlere Massenabscheidungsrate der einzelnen Volumenzellen des Filtervlieses pro Beladungsschritt.

Abb. 7.18 stellt die Ergebnisse dieser Berechnungen dar. Aus dem Vergleich zu Abb. 7.4 ergibt sich für das 1-Lagenmodell bei niedriger Eingangsgeschwindigkeit, dass der Verlauf zunächst anwächst, was einer Effektivitätssteigerung durch das Anwachsen der einzelnen Fasern belegt. Nach dem Anwachsen der Massenabscheidungsrate fällt diese wieder ab. Dieses Verhalten entspricht dem aus Abb. 7.10 bekannten Verhalten beim Erreichen eines Sättigungswertes in der eingeschlossenen Rußbeladung sowie dem in Abb. 7.17 gezeigten Anwachsen der Partikelpenetration. Für die hohe Eingangsgeschwindigkeit von $20\,\frac{m}{s}$ zeigt das 1-Lagenmodell erneut, dass es nicht für eine Partikelabscheidung bei hohen Eingangsgeschwindigkeiten geeignet ist.

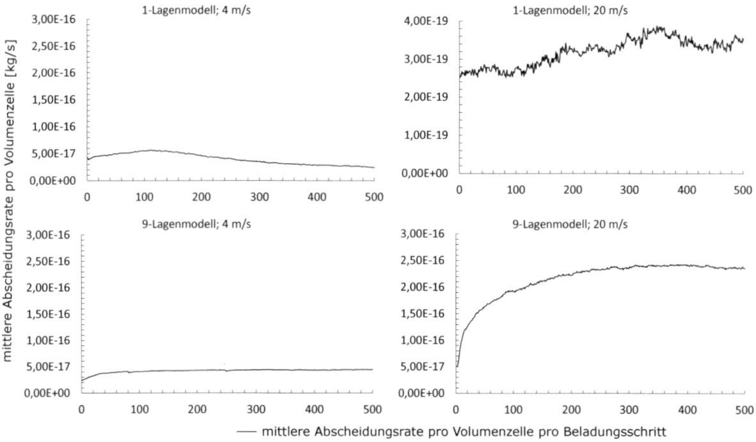

Abb. 7.18: Darstellung der transienten Entwicklung der mittleren Massenabscheidungsrate der einzelnen Volumenzellen des Filtervlieses pro Beladungsschritt über den Zeitraum der ersten 500 Beladungsschritte

Das 9-Lagenmodell bekräftigt auch in dieser Auswertung seine Vorteile mit einer konstanten Massenabscheidung für die niedrige bzw. mit einer wachsenden Massenabscheidung für die hohe Eingangsgeschwindigkeit, welche bereits aus den vorherigen Auswertungen bekannt sind.

7.7 Abscheideeffektivität verschiedener Filtermodelle für einzelne Partikelklassen bei anwachsender Beladung

Eine Motivation der transienten Betrachtung der Beladung des Filters ist es, das Anwachsen der Abscheideeffektivität mit der Beladung zu zeigen. Dies ist insbesondere in der Auswertung der Abscheideeffektivität einzelner Partikelklassen bei verschiedenen Beladungsschritten ersichtlich. Wie bereits in Kap. 6.3 gezeigt, liegt als Ergebnis der Effektivitätsberechnungen ein prozentualer Wert vor, welcher die Abscheideeffektivität einzelner, diskreter

Partikelklassen wiedergibt. Das Ergebnis der stationären Betrachtung der Initial-Abscheideeffektivität in Kap. 6.3 ist, dass beide Filtermodelle eine sehr hohe Abscheideeffektivität für den Bereich ultrafeiner Partikel erreichen. Diese hohe Abscheideeffektivität sinkt für anwachsende Partikelgrößen analog der in Abb. 4.8 dargestellten Einzelfasereffektivität. Der Ansatz der transienten Berechnung der Filterbeladung ist es, die Fasern in ihrem Durchmesser lokal wachsen zu lassen, was die Effektivität der Faser erhöht (vgl. Abb. 4.9). In der Gesamtheit des Filtervlieses entsteht mit den lokal wachsenden Fasern eine Matrix bezüglich der Filtrationseigenschaften, welche in diesem Kapitel näher beschrieben werden. An dieser Stelle soll abschließend zu den Betrachtungen der Gesamtbeladung zusätzlich die Abscheideeffektivität der einzelnen in das System injizierten Partikelklassen über die Beladung gezeigt werden.

Ausgewertet werden der unbeladene Filter (grün) sowie die bereits bekannten Beladungsschritte 25, 50, 75, 100, 200, 300, 400 und 500 für beide Filtervarianten mit den in Tab. A.3 aufgeführten Partikelklassen bei einer Anströmgeschwindigkeit von 4 $\frac{m}{s}$.

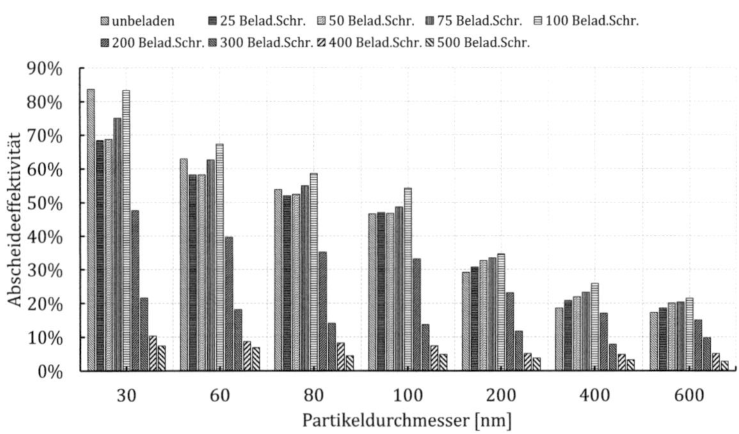

Abb. 7.19: Darstellung der Abscheideeffektivität der einzelnen Partikelklassen bei verschiedenen Beladungsschritten des 1-Lagenmodells

Die Erwartungshaltung bezüglich der Entwicklung der Abscheideeffektivität geben die Ergebnisse der Berechnung der Einzelfasereffektivität der im Durchmesser wachsenden Einzelfasern (vgl. Kap. 7.7) wieder. Eindeutig ist in den Ergebnissen zu erkennen, dass die Einzelfasereffektivität insbesondere im Falle sehr kleiner Partikel nur für kleine Anströmgeschwindigkeiten stark zunimmt. Liegen höhere Anströmgeschwindigkeiten vor, wie in dieser Betrachtung $4\,\frac{m}{s}$, ist davon auszugehen, dass die Effektivität für größere Partikel stärker zunimmt als für kleinere.

In Abb. 7.19 ist die Entwicklung der Abscheideeffektivität über die Beladung des 1-Lagenmodells dargestellt. Es ist für die Partikelklasse von $30\,nm$ zu erkennen, dass die Effektivität, entgegen der Erwartungshaltung, nicht gering ansteigt sondern zunächst sogar abnimmt. Dies ist darauf zurück zu führen, dass neben der reinen Einzelfasereffektivität auch die Geometrie der Schaufellage und die Beladung des Filtervlieses, welche zusammen die Strömungsausprägung bestimmen, für den jeweiligen Filtrationsgrad der einzelnen Partikelklassen verantwortlich sind. Im Fall der sehr feinen Partikel mit einem Durchmesser von $30\,nm$ bedeutet das, dass zunächst die beladenen Fasern nicht stark genug beladen sind, um eine Verbesserung in der Abscheidecharakteristik zu erkennen, zudem mit anwachsender Beladung auch immer mehr Partikeltrajektorien nicht mehr das von der Einlassseite zur Auslassseite immer dichter gepackte Filtervlies queren, sondern den Partikelfilter durch die Bypässe passieren. Mit wachsender Beladung steigt dahingegen die Filtrationsleitung bezüglich der $30\,nm$ wieder an. Dieser Umstand bedeutet, dass mit der Beladung des Filtervlieses die Erhöhung der lokalen Einzelfasereffektivität in dem Maße zunimmt, dass der Verlust an Abscheideleistung durch vermehrte Partikeltrajektorien, welche den Filter ungehindert durch die Bypässe passieren, ausgeglichen werden kann. Werden die höheren Partikelklassen betrachtet, bestätigt sich die Erwartungshaltung, indem insbesondere bis zum Beladungsschritt 100 eine bessere Abscheideeffektivität gegenüber dem unbeladenen Filter bzw. vorherigen Beladungsschritt generiert. Mit weiter anwachsender Beladung ist das Filtervlies so gefüllt, dass für alle Partikelgrößen die Abscheideeffektivität abnimmt. Dieses Verhalten korreliert mit den in Abb. 7.10 gezeigten Ergebnissen. Weiterhin wird deutlich, dass der Einbruch der Abscheideeffektivität bei größer werdenden Partikeln abnimmt. So nimmt zum Beispiel vom Beladungsschritt 100 zum Beladungsschritt 200 die Abscheideeffektivität der 60 nm Partikel um ca. 27 % ab, wohingegen die Abscheideeffektivität im gleichen Beladungsabschnitt für die 400 nm Partikel um ca. 9 % abfällt, was ebenfalls den in Abb. 4.9 gezeigten Ergebnissen widerspiegelt.

Ein ähnliches Bild zeigt die Entwicklung der Effektivität über die Beladung des 9-Lagenmodells. Im Gegensatz zum 1-Lagenmodell nimmt die Effektivität für die Partikelklassen unter 100 nm über alle Beladungsschritte ab. Für die Partikelklassen über 100 nm ist erneut eine Steigerung der Effektivität, wenn auch nur in geringem Maße, zu erkennen. Insgesamt ist über alle betrachteten Partikelklassen kein starker Abfall in der Abscheideleistung, wie er im Fall des 1-Lagenmodells eintritt, erkennbar.

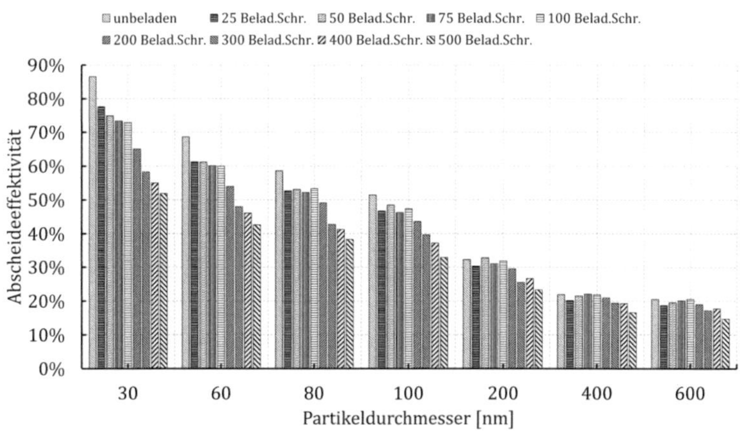

Abb. 7.20: Darstellung der Abscheideeffektivität der einzelnen Partikelklassen bei verschiedenen Beladungsschritten des 9-Lagenmodells

Dieses Verhalten lässt sich mit der Strömungsführung der 9-Lagengeometrie erklären. So queren ebenfalls immer mehr Partikel die Bypassflächen und strömen somit nicht durch das dichter gepackte und damit effektivere

Filtervlies. Die zum 1-Lagenmodell unterschiedliche Ausführung der Welllage wiederum bewirkt, dass sich die Partikel topologisch anders ablagern und sich so eine gleichmäßigere Entwicklung der Abscheideffektivität über die verschiedenen Beladungsschritte ergibt. Dieser Umstand untermauert ebenfalls die Vorteile des 9-Lagenmodells. Insbesondere bestätigen die in Abb. 7.20 gezeigten Ergebnisse die in diesem Kapitel berechneten, unterschiedlichen Verläufe der Entwicklung der Porosität bzw. der Beladung im Filtervlies des 1-Lagen- bzw. 9-Lagenpakets.

7.8 Fazit des Vergleichs verschiedener Filtermodelle

Mit der transienten Erweiterung der Methodik zur Berechnung der Abscheideeffektivität von Dieselpartikelfiltern ist es möglich, das Verhalten von Filtern in Abhängigkeit von der Beladung darzustellen. Die Funktionalität der transienten Erweiterung beruht darauf, aus dem aktuellen Beladungsschritt die aktuelle, lokal abgelagerte Rußmasse zu benutzen, um die Betriebsparameter des Filters für den nächsten, quasi-stationären Beladungsschritt zu aktualisieren.

Die Plausibilisierung der Ergebnisse erfolgt mit der Nachberechnung eines Versuchs der TH Karlsruhe, in dem der Verlauf des Gegendrucks über der Beladung aufgetragen wird [EMI12]. Der Vergleich der Ergebnisse zeigt, dass der Verlauf des Gegendrucks über die Beladung realitätsnah wiedergegeben wird und der gewählte Ansatz in der Lage ist, das transiente Verhalten des Filters realitätsgetreu wiederzugeben.

In der Berechnung der beiden Filtermodelle zeigt sich in den Strömungs- und Partikelabscheidungseigenschaften unterschiedliches Verhalten. Während ein sehr niedriger Druckverlust generiert über die Filterstruktur dem 1-Lagenmodell zu attestieren ist, schafft es das 9-Lagenmodell insbesondere bei hohen Eingangsgeschwindigkeiten insgesamt viel Rußmasse abzuscheiden. Diese Ergebnisse verdeutlichen den Zielkonflikt in der Filterauslegung zwischen Druckverlust und Abscheideleistung. Das 9-Lagenmodell, welches im stationären Fall nur für die kleineren Partikel Vorteile zeigt, ist im transienten Fall in der Lage, diesen Vorteil weiter zu nutzen und vor allem für hohe Geschwindigkeiten die Abscheideeffektivität weiter zu steigern. Dies verdeutlicht insbesondere die Darstellung der mittleren Abscheidungsrate pro Volumenzelle im Filtervlies. Dahingegen zeigt das 1-Lagenmodell nur für niedrige Geschwindigkeiten eine gute Abscheideeffektivität, welche bei hoher Eingangsgeschwindigkeit einbricht. Die Auswertung der mittleren Abscheidungsrate pro Volumenzelle im Filtervlies zeigt auch deutlich, dass im 9-Lagenmodell aufgrund der Strömungszustände der Umstand der steigenden Effektivität eher zur Geltung kommt als im 1-Lagenmodell, bei dem die Abscheidungsrate pro Volumenzelle mit der Beladung des Filters abnimmt. Weiterhin zeigt die Auswertung der Abscheideeffektivität der einzelnen Partikelklassen bei unterschiedlichen Beladungen die Eigenschaft, dass bis zu einer bestimmten Beladung das beladene Filtervlies Rußpartikel effektiver einfängt als das unbeladene. Diese Eigenschaft wirkt aber im Zusammenspiel mit der Eigenschaft der grundlegenden Strömungsausprägung der jeweiligen Schaufellage des 1-Lagen- bzw. 9-Lagenmodells, so dass die Steigerung der Effektivität insbesondere im 1-Lagenmodell zum Vorschein kommt.

Abschließend ist festzuhalten, dass auch die Berechnung der Filterbeladung im Falle des offenen Dieselpartikelfilters erfolgreich durchgeführt werden kann. Basierend auf der lokalen Beladung des Filtervlieses ist die erweiterte UDF in der Lage, die transienten Eigenschaften des Partikelfilters realitätsnah zu berechnen.

Kapitel 8

Universelle Anwendung der Methode

Eine Anforderung an die in dieser Arbeit entwickelte Methodik ist die universelle Anwendbarkeit für jegliche Aerosolfilter, dessen Funktionalität sich mit der Einzelfasertheorie beschreiben lässt. Im folgenden Kapitel wird die Methodik am Beispiel der Feinstaubfilter eines Saugbaggers der Firma RSP (Reschwitzer Saugbagger Produktions GmbH) angewendet. Ein solches System ist eine mobile Baumaschine, welche auf dem Arbeitsprinzip des pneumatischen Transports von Feststoffen basiert. Das System nutzt einen sehr hohen Massenstrom für Aushubarbeiten ohne den Einsatz der Schaufel eines klassischen Baggers, indem es den Feststoff aus seinem Verband losreißt. Neben der im transportierten Aerosol auftretenden großen Feststoffe sind ebenfalls sehr kleine Teilchen im strömenden Fluid vertreten. Die inneren Strukturen des Saugbaggers agieren als Abscheidesystem mit verschiedenen Mechanismen, welche die Feststoffe vom Trägermedium Luft trennen und so die abgeschiedenen Partikel nach ihrer Größe klassifizieren. Im Abscheidesystem des Saugbaggers fungieren die Feinstaubfilter als letzter Abscheider, bevor der gereinigte Fluidstrom das System durch die den Saugstrom erzeugenden Ventilatoren verlässt.

8.1 Randparameter der Saugbaggersimulation

Das partikelbeladene Aerosol, welches den Saugbagger durchquert, passiert verschiedene Bereiche innerhalb der Strukturen der Sauganlage. Dazu zählt zunächst die Saugöffnung (1), an welcher sich der Saugschlauch befindet, durch die das Luft-Feststoffgemisch aufgenommen wird. Im Simulationsmodell ist nur die Saugöffnung abgebildet, da die Strömung im Saugschlauch nicht von Interesse ist. Nach Passieren der Saugöffnung wird das Fluid über die Ablenkschaufel in die Hauptkammer (2) geleitet, in der gröbere Partikel aus dem Aerosol getrennt werden. Danach gelangt das Fluid in eine Umlenkkammer (3), in der feinere Partikel aufgrund der Umlenkung der Strömungsrichtung aus dem Fluid abgeschieden werden. Anschließend wird das Fluid in Richtung der Filter der Feinabscheidung (4) geführt. Nachdem das Fluid die Feinabscheidung passiert hat, verlässt das gereinigte Aerosol das Simulationsmodell über den Ventilatorzustrom (5).

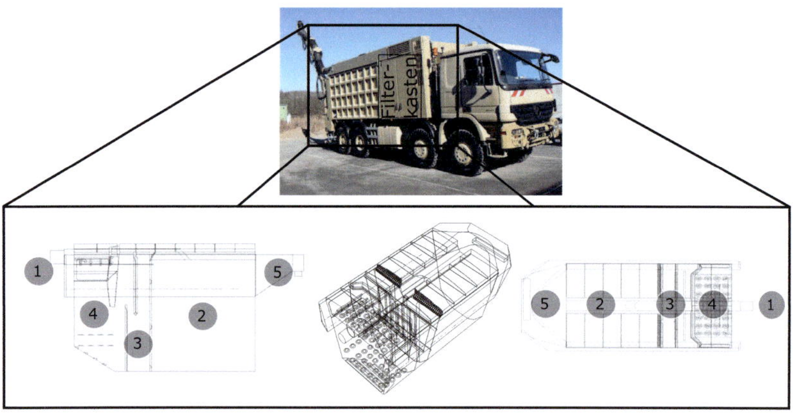

Abb. 8.1: Fluidvolumen Saugbagger

Eine Simulation der Sauganlage erfordert zunächst die Diskretisierung des Luftvolumens des Modells. Den Eingang in das Simulationsmodell stellt das freie Ende der Saugöffnung dar. Über den freien Ausgang des Ventilatorzustroms verlässt das Fluid das Simulationsmodell. Analog zur Simulation des Partikelfilters kommt für die Abbildung der im Modell enthaltenen Feinstaubfilter ebenfalls das DPM-Modell des Programms FLUENT zum Einsatz.

Filterwerte

Die Feinstaubfilter der betrachteten Sauganlage bestehen, wie schon das Filtervlies des Partikelfilters, aus einem Geflecht von Feinstdrähten. Aus den geometrischen Angaben des Filtervliesherstellers lassen sich die Eigenschaften des porösen Mediums berechnen. Es ergibt sich eine Packungsdichte von $\alpha_{Feinstaubfilter} = 0,16$ (vgl. Kap. A.3). Eine Bestimmung des Faserdurchmessers, welche für die Berechnung der Einzelfasereffektivität benötigt wird, erfolgt mit einer REM-Aufnahme, welche einen durchschnittlichen Faserdurchmesser von $d = 17\ \mu m$ ausweist (vgl. Abb. A.2). Der lineare Widerstandskoeffizient für das poröse Medium bestimmt sich aus einem vom Hersteller gemessenen Druckverlust bei definierter Anströmgeschwindigkeit. Aufgrund der Messung des generierten Gegendrucks bei nur einer Anströmgeschwindigkeit kann nur der lineare Anteil der Forchheimer-Gleichung angegeben werden (vgl. Gl. (5-5)).

Weiterhin ist es notwendig, ein Lochblech innerhalb des Modells als poröses Medium darzustellen. Wie bereits das Filtervlies des Partikelfilters, erlauben es die geometrischen Eigenschaften des Lochbleches nicht, dieses als Realgeometrie in der Simulation zu diskretisieren. Die in der Simulation notwendigen Parameter werden mit einem maßstabsgerechten Hilfsmodell ermittelt. Der nicht isotropen Ausprägung der Löcher wird in dem Maße Rechnung getragen, dass die Widerstandskoeffizienten, welche räumlich nicht in die Ausprägungsrichtung der Löcher liegen, einen höheren Wert für die Widerstandskoeffizienten erhalten.

Randbedingungen der Simulation

Das Modell der Sauganlage wird, wie schon das Modell des Partikelfilters, mit einem unstrukturierten Netz diskretisiert. Abweichend von der Partikelfiltersimulation ist aufgrund der hohen, lokal auftretenden Mach-Zahlen, insbesondere hinter der Saugöffnung, die Verwendung des kompressiblen

Ansatzes des idealen Gases notwendig. Dieser Ansatz ermöglicht die realitätsnahe Wiedergabe der Strömungszustände.

Als Eingangsgeschwindigkeit wird der Massenstrom, welcher das System an der Ventilatoröffnung verlässt, vorgegeben. Der sich an der Saugöffnung einstellende Massenstrom, welcher in das Saugsystem einströmt, dient als Plausibilisierung der Simulation des Gesamtsystems und entspricht gemessenen Werten. Die Simulationen werden bei Raumtemperatur durchgeführt. Im Speziellen lassen sich die Werte aus dem Anhang entnehmen.

8.2 Ergebnisse der Simulation

Die konvergierte Lösung des Strömungsfeldes innerhalb der Sauganlage bildet entsprechend der Partikelfiltersimulation die Grundlage der Berechnung der Beladung der Feinstaubfilter. Ein Schnitt durch die Mittelebene der Sauganlage (Abb. 8.2) zeigt die Ausprägung des Geschwindigkeitsfeldes. Erwartungsgemäß liegen die Geschwindigkeiten hinter der Saugrohröffnung aufgrund der hohen Antriebsleistung auf einem sehr hohen Niveau von ca. $120 \frac{m}{s}$, mit welchem das Fluid durch ein Ablenkblech auf die Rückwand der Hauptkammer gelenkt wird, an der sich Grobpartikel aus dem Aerosol trennen.

An der Rückwand teilt sich der Hauptmassenstrom und bildet aufgrund der Aufweitung der Querschnittsfläche mit niedrigeren Geschwindigkeiten einen Wirbel von ca. $30-60 \frac{m}{s}$, welcher sich weiter an den Wänden entlang in den Bereich der Umlenkkammer fortsetzt. Die Umlenkkammer trennt durch die Umlenkung der Strömungsrichtung feinere Partikel aus dem Aerosol.

Nach der Umlenkkammer gelangt das noch mit Feinstpartikeln beladene Aerosol in die Filterkammer. Naturgemäß werden durch das poröse Medium die Strömungsgeschwindigkeiten weiter herabgesetzt. Die Anströmung der Filter zeigt, dass diese nicht gleichmäßig angeströmt werden, so dass nicht von einer gleichmäßigen Nutzung ausgegangen werden kann.

Eine inhomogene Beladung der Filter durch die ungleichmäßige Anströmung der Filter wird Gegenstand der an dieser Stelle durchgeführten Untersuchungen. Die Beladung der verbauten Filterstrukturen, insbesondere

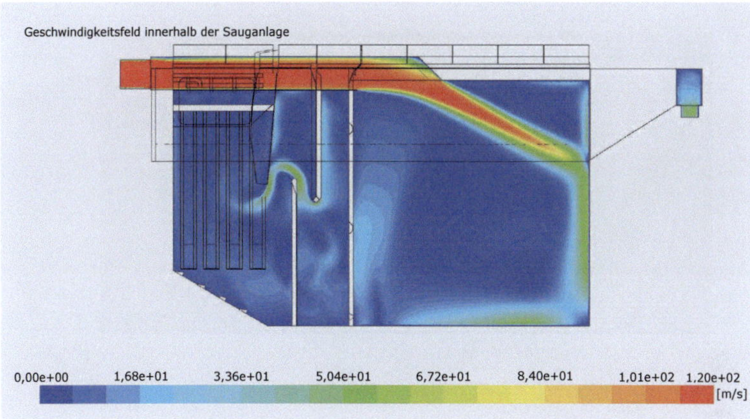

Abb. 8.2: Geschwindigkeitsfeld innerhalb der Sauganlage

die zeitliche Entwicklung der Filterbeladung ist zu berechnen, so dass die Ausnutzung der Filter visualisiert und näher beurteilt werden kann.

8.3 Berechnung der Beladung der Feinstaubfilter der Sauganlage

Die Berechnung der Beladung der Feinstaubfilter setzt zunächst die Definition der im Bereich der Feinstaubfilter auftretenden Partikelgrößenverteilung, die Kenntnis der hier vorherrschenden Strömungsgeschwindigkeiten sowie die Bestimmung der Filterparameter der verwendeten Feinstaubfilter voraus. Mit der Kenntnis der genannten Parameter lässt sich mit dem in Kap. 4 vorgestellten Programm $cusfe$ eine für dieses Modell angepasste Einzelfasereffektivitätsdatenbank berechnen (vgl. Abb. 8.3). In diesen Berechnungen wird für die Dichte der Partikel die Dichte von Quarzsand von $\rho = 2650\,\frac{kg}{m^3}$ vorgegeben. Im Ergebnis zeigt die neu berechnete Datenbank marginale Unterschiede im Bereich der Partikelgrößen bis zu einem Durchmesser von $5\,\mu m$.

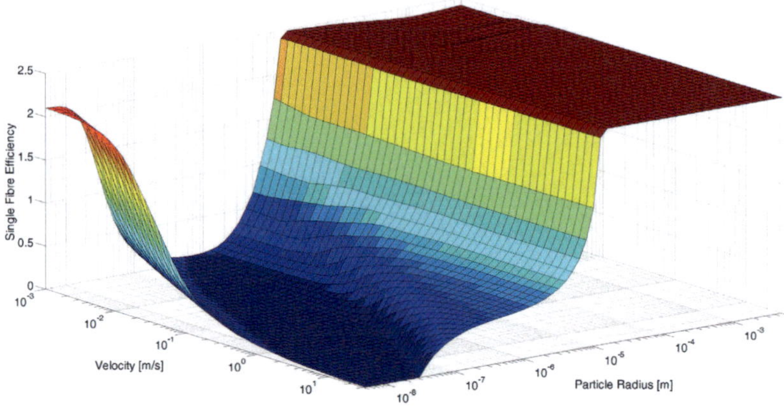

Abb. 8.3: Darstellung der Einzelfasereffektivität des Feinstaubfiltervlieses für den Einfang von Quarzsandteilchen

Das in Kap. 4 vorgestellte Effektivitätstal ist für den Vliesstoff aufgrund der höheren Dichte der betrachteten Partikel und der niedrigeren Packungsdichte nicht so stark ausgeprägt wie im Fall des Vlieses des Partikelfilters. Aufgrund der höheren Partikelgrößen, welche im Aerosol vertreten sind, wird die Datenbank bis zu einem Durchmesser von $d_p = 5\,mm$ berechnet, wobei die Filtration in eine Aussiebung übergeht sobald der Partikeldurchmesser den Bereich der Abstände der Fasern erreicht.

Die Filterparameter und die im Bereich der Feinstaubfilter vorherrschenden Geschwindigkeiten sind aus dem vorigen Kapitel bekannt. Eine Verteilung der auftretenden Partikelgrößen wird mit Hilfe der optischen Auswertung der REM-Aufnahme von innerhalb der Filterkammer abgeschiedenen Partikel bestimmt (vgl. Abb. A.3). In der Auswertung ergibt sich eine Korngrößenverteilung mit Partikeln bis zu einem Durchmesser von $d_p = 200\,\mu m$. Die zur Detaillierung des DPM-Modells notwendige Definition der Partikelinjektion erfolgt mit einer Rosin-Rammler-Verteilung, welche einen Massenstrom von $1\,\frac{kg}{Beladungsschritt}$ aufweist.

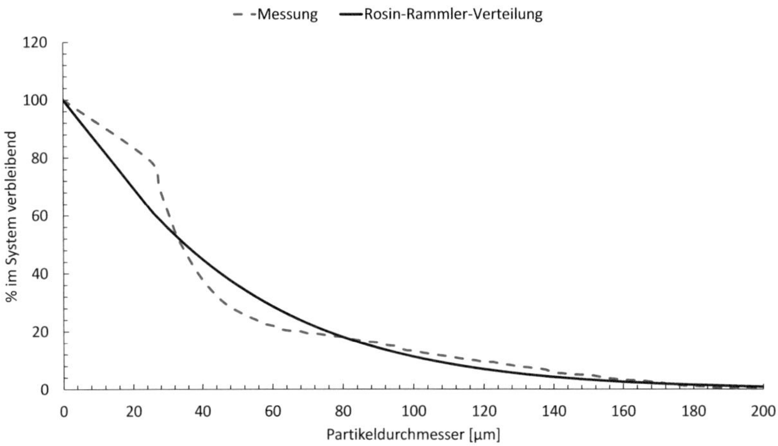

Abb. 8.4: Definition der Partikelinjektion mittels einer Rosin-Rammler-Verteilung

Aus der Rosin-Rammler Verteilung ergibt sich in jedem Beladungsschritt eine Injektion mit ca. 110000 Partikeln an der Saugöffnung des Modells.

Abb. 8.5 zeigt die Beladung der Feinstaubfilter verschiedener Beladungsschritte. Deutlich ist zu erkennen, dass zunächst die einzelnen Feinstaubfilter nur lokal beschränkt im oberen und unteren Bereich beladen werden. In der Bewertung der Filtereigenschaften bedeutet dies, dass nur ein kleiner Teil der Filterfläche ausgenutzt wird. Hier ist in der Konstruktion der Sauganlage die Anströmung der Feinstaubfilter zu optimieren. Im Verlauf der Beladung wird deutlich, dass die Partikelbeladung der Filter durch die Befüllung lokaler Filterabschnitte sich wie bereits im Fall des Dieselpartikelfilters in nicht beladene Bereiche verlagert. Im Verlauf der Beladung werden so alle Bereiche des Filters beladen.

Die vorgestellten Ergebnisse zeigen, dass auch für das Szenario der Feinstaubfilter der hier behandelten Sauganlage die Methodik zur Berechnung der Filterbeladung auf Basis der Einzelfasereffektivität einsetzbar ist.

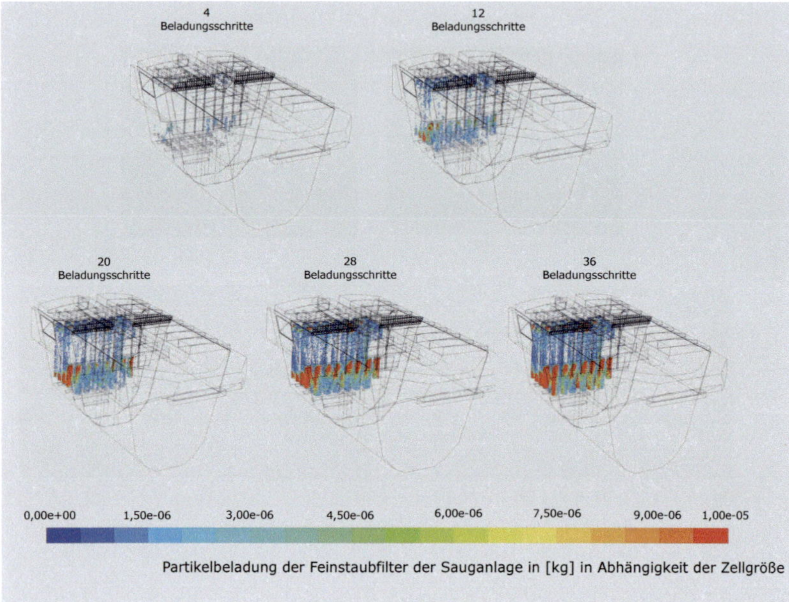

Abb. 8.5: Darstellung der Beladung der Feinstaubfilter der Sauganlage für verschiedene Beladungsschritte

Kapitel 9

Weiterführende Anwendungen der erarbeiteten Methodik

Die erarbeitete Methodik erlaubt es, verschiedenste Problemstellungen im Bereich der Filtertechnik zu bearbeiten. An dieser Stellen sollen weiterführende Arbeiten insbesondere auf zur Zeit aktuellen Themenstellungen wie der Filtersimulation von transienten Fahrzuständen, wie sie zum Beispiel in Fahrzyklen vorkommen oder der Untersuchung von Otto-Partikelfiltern ansatzweise betrachtet werden.

9.1 Beladung offener Partikelfilter mit Partikelemissionen aus Ottomotoren

Bereits in der Einleitung der Arbeit wird die Problematik direkteinspritzender Ottomotoren hinsichtlich der Anzahl der emittierten Partikel erwähnt. Der Umstand der erhöhten Partikelemissionen im Falle des ottomotorischen

Antriebs erforderte die Einführung eines Grenzwerts für die Konzentration der emittierten Partikel für Ottomotoren, welcher mit der Verordnung (EG) 459/2012 ([Ver12]) analog zum Grenzwert des Dieselmotors auf $6 \times 10^{11}\ \frac{1}{km}$ festgelegt wurde.

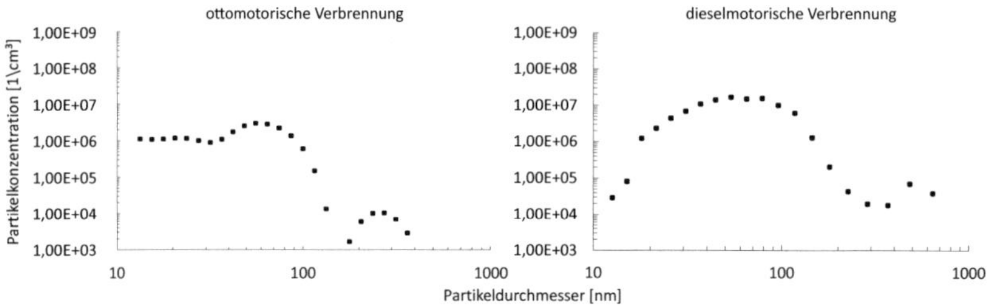

Abb. 9.1: Vergleich der Partikelemissionen eines direkteinspritzenden Otto- und Dieselmotors bei einer Fahrzeuggeschwindigkeit von $50\, km\, h^{-1}$ [EMI12]

Die Übernahme der Dieselpartikelfiltertechnologie für den Ottomotor ist aufgrund der unterschiedlichen Betriebsparameter der verschiedenen Verbrennungsprozesse nicht möglich. So verdeutlicht die Problematik der Partikelemission von Ottomotoren, dass mit der flächendeckenden Einführung der Dieselpartikelfiltertechnologie für die Entwicklung auf diesem Teilgebiet der Partikelfilter immer noch Handlungsbedarf besteht.

Abb. 9.1 zeigt einen Vergleich der Anzahlkonzentration der Partikelemission beider Verbrennungsstrategien bei einer Fahrzeuggeschwindigkeit von $50\ \frac{km}{h}$, wobei die Messung der Partikelanzahlkonzentration ebenfalls aus Messungen aus dem Projekt „Partikelfilter-System mit Wärmerückgewinnung“ [EMI12] stammt.

Zunächst fällt auf, dass der Ottomotor im Gegensatz zum ungefilterten Dieselmotor weniger Partikelemissionen aufweist. Darüber hinaus liegt das Emissionsmaximum des Ottomotors in diesem Vergleich im Bereich noch feinerer Partikel. Wie auch schon im Fall der Partikelemissionen des Dieselmotors sind aus dieser Messung die Konzentrationen der Partikelinjektionen für die Berechnung im Strömungslöser zu interpolieren. Diese sind in Tab. A.5 aufgeführt. Die Tatsache, dass die Messung der Ottomotorpartikelemissionen Ergebnisse feinerer Partikelgrößen aufweist, erfordert es, diese in der Simulation stärker zu berücksichtigen.

In der Berechnung der Effektivität bezüglich der feineren Partikel des Ottomotors werden neben den gezeigten Partikelkonzentrationen dieselben Randbedingungen (Eingangsgeschwindigkeit von $4\ \frac{m}{s}$ und eine Fluidtemperatur von $673\ K$) verwendet.

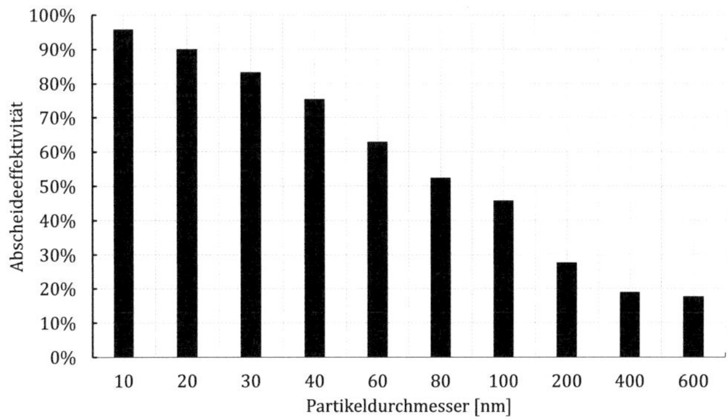

Abb. 9.2: Ergebnisse der Berechnung der Abscheideeffektivität einzelner Partikelklassen von $10\,nm$ bis $600\,nm$ von Ottomotorpartikelemissionen für das 1-Lagenmodell

Die Tatsache, dass der Ottomotor mehr Partikel im Bereich der Partikelgrößen unterhalb $80\,nm$ emittiert, führt zu der Schlussfolgerung, dass der offene Partikelfilter, welcher in dieser Arbeit betrachtet wird, geeignet ist, diese zu filtern. Weiterführende Arbeiten können sich daher dem Thema der näheren Charakterisierung der Partikelemissionen von Ottomotoren oder der Optimierung der Filtrationseigenschaften mit der als Ergebnis dieser Arbeit vorliegenden Methodik widmen.

Eine Berechnung der Abscheideeffektivität mit den in Abb. 9.1 gezeigten Partikelemissionen zeigt das Potential des offenen Partikelfilters in der Filterung ultrafeiner Partikel. In der Berechnung werden neben den für den Ottomotor aktualisierten Partikelinjektionen gleiche Randparameter verwendet, welche bereits in Kap. 6.3 vorgestellt wird.

Die zuvor für die Dieselmotoremissionen berechnete, steigende Effektivität im Abscheidegrad für sinkende Partikelgrößen, insbesondere im Bereich der ultrafeinen Primärpartikel bis $30\,nm$, zeigt sich ebenfalls in dieser Berechnung. Weiterhin bestätigt sich die Eignung der offenen Filter für das Abscheiden noch feinerer Partikel im Bereich $d_p < 30\,nm$.

9.2 Berechnung transienter Fahrzyklen

Die gezeigte Zeitabhängigkeit der Filterbeladung besteht in der Berechnung von diskreten Beladungsschritten. Verbrennungsmotoren arbeiten über die gewählten Beladungsschrittweiten jedoch nicht stationär. Ein realer Motorbetrieb mit Last-, Drehzahl oder Betriebsartänderung generiert umfangreiche Änderungen der Eingangsparameter für die numerische Simulation des Partikelfilters. Bewertungen von Fahrzeugemissionen, insbesondere der Partikelemissionen, im 'Neuen Europäischen Fahrzyklus' (NEFZ) bzw. im aktuellen 'Worldwide harmonized Light Vehicle Test Procedure' (WLTP) im Zusammenspiel mit 'Real-Drive-Emissions' (RDE) geben einen transienten Motorbetrieb wieder.

In [KHM+00] ist der Einfluss des transienten Motorbetriebs auf die Entstehung von Partikeln gezeigt. In Prüfstandsmessungen wird dargelegt, dass im Moment des Lastsprungs deutlich mehr Rußkeime gebildet werden. Als Ursache der Zunahme der Partikelemissionen wird die Vermehrung der Bereiche fetter Gemischzusammensetzung im Brennraum durch die Erhöhung der eingespritzten Kraftstoffmenge und damit der kurzzeitigen Anfettung des Luft-Kraftstoffgemischs im Zusammenspiel mit einer unzureichenden Gemischbildung ausgemacht.

Die Sensitivität der Partikelentstehung bezüglich der Änderung der Gemischzusammensetzung im NEFZ zeigt [HRNC03]. In der Darstellung der Partikelkonzentration über die Laufzeit des NEFZ ist insbesondere hervorzuheben, dass besonders in transienten Betriebsphasen (Beschleunigung, Umschaltung der Betriebsart und Gangwechsel) die Partikelkonzentration deutlich zunimmt.

Aktuell wird der NEFZ durch den WLTP abgelöst, welcher in Zukunft parallel mit RDE Untersuchungen in der Zulassung von Fahrzeugen Anwendung findet. Die Verwendung des WLTP sowie die Emissionsmessung mittels RDE begründen sich mit der Bestrebung, realitätsnähere Messungen als im NEFZ durchzuführen, indem ein stärkerer Fokus auf den transienten Motorbetrieb und damit die transienten Emissionen gelegt werden. Im Unterschied zum NEFZ liefert der WLTP realitätsnähere Ergebnisse. Der WLTP stellt eine Zusammenfassung gesammelter Fahrdaten dar und ist in drei verschiedene Fahrzeugklassen unterteilt. Im Detail weist der WLTP vor allem höhere Geschwindigkeiten, eine längere Laufzeit und auch eine höhere Durchschnittsgeschwindigkeit auf. [CTM+15]

Insbesondere die häufigeren Lastwechsel, welche die Partikelbildung begünstigen, sind ein Unterscheidungsmerkmal zwischen WLTP und NEFZ. Nach [DK14] wird im Zusammenhang der zeitlichen Änderung prozessrelevanter Parameter, experimenteller Untersuchungen und / oder der Simulation verbrennungsmotorischer Fragestellungen der Begriff des transienten Motorbetriebs verwendet und unterteilt diese in verschiedene Ordnungen. Eine dieser Ordnungen beschreibt Änderungswünsche des Fahrers, welche zu einer gezielten Beeinflussung der Motorlast führen und somit Bestandteil jedes Fahrprofils sind.

Die Nachrechnung eines solchen Zyklus ist mit der hier vorgestellten Methodik unter Bereitstellung der geeigneten Eingangsparameter möglich. Exemplarisch wird an dieser Stelle ein Lastsprung zwischen Fahrzeuggeschwindigkeiten von 50 $\frac{km}{h}$ und 90 $\frac{km}{h}$ gezeigt.

Die in 5.4.1 vorstellten Messungen beinhalten neben der Auswertung einer Stationärfahrt mit einer Fahrzeuggeschwindigkeit 50 $\frac{km}{h}$ auch solche mit einer Fahrzeuggeschwindigkeit von 90 $\frac{km}{h}$. Diese Daten werden für den Ansatz der Berechnung eines Lastsprungs, wie sie in den genannten Fahrzyklen auftreten, verwendet. Abb. 9.3 zeigt die jeweilige Partikelemissionsverteilungskurve. Deutlich ist zu erkennen, dass sich die beiden Kurven ähneln und damit die in [DK14] gezeigten Ergebnisse bestätigen.

Ebenso wie im Fall der Partikelgrößenverteilung bei einer Fahrzeuggeschwindigkeit von 50 $\frac{km}{h}$ werden ausgehend von der Partikelgrößenvertei-

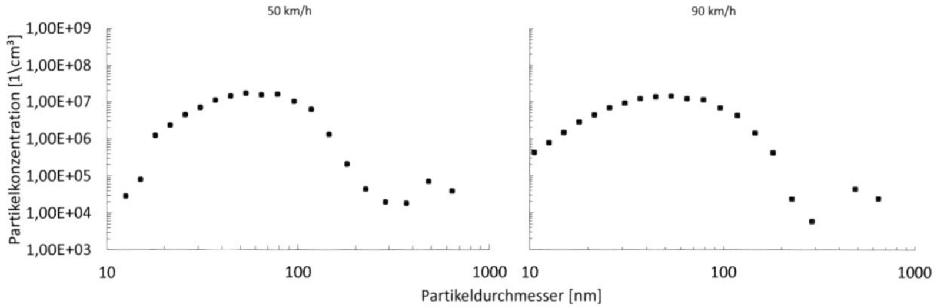

Abb. 9.3: Vergleich der Partikelemissionen eines Dieselmotors bei Fahrzeuggeschwindigkeiten von 50 $km\,h^{-1}$ bzw. 90 $km\,h^{-1}$

lung bei der höheren Fahrzeuggeschwindigkeit von 90 $\frac{km}{h}$ einzelne, diskrete Partikelklassen abgeleitet, welche als Eingangspartikelgrößenverteilung für die Berechnung dienen (vgl. Tab. A.4).

Für die Berechnung eines Lastprungs von 50 $\frac{km}{h}$ auf 90 $\frac{km}{h}$ bilden die gezeigten Partikelgrößenverteilungen die jeweiligen Eingangspartikelgrößenverteilungen. Diese Berechnung beginnt mit einer quasi-stationären Simulation von 500 Zeitschritten der niedrigeren Fahrzeuggeschwindigkeit, gefolgt von der Berechnung eines einzelnen Zwischenzeitschritts für den instationären Bereich des Lastsprungs und abschließender quasi-stationärer Simulation weiterer 500 Zeitschritte der höheren Fahrzeuggeschwindigkeit. Neben der Eingangspartikelgrößenverteilung wird für den Lastsprung die Strömungsgeschwindigkeit während der Berechnung von 4 $\frac{m}{s}$ auf 20 $\frac{m}{s}$ angehoben.

Die in [DK14] erzielten Ergebnisse werden in der Filterberechnung durch den Zwischenzeitschritt als ein einzelner Berechnungsschritt berücksichtigt. Als Eingangspartikelgrößenverteilung wird der Mittelwert der einzelnen Eingangspartikelkonzentrationen für jede Partikelklasse um eine Größenklasse in der Konzentration erhöht (vgl. Tab. A.5). Für die Strömungsgeschwindigkeit wird 12 $\frac{m}{s}$ als Eingangsparameter, der Mittelwert der beiden Eingangsgeschwindigkeiten, vorgegeben.

Beladungsmasse

Die Berechnung der Beladungsmasse ist in Kap. 7.1 für sich nicht ändernde Eingangsparameter gezeigt. Die dort dargestellten Ergebnisse lassen eine monoton steigende Beladung des Filtervlieses mit Ruß erkennen.

Abb. 9.4 zeigt die aufsummierte Beladung des Filtervlieses des Filters im Falle des Lastsprungs. Naturgemäß werden zunächst die Ergebnisse aus Kap. 7.1 wiedergegeben, welche jedoch mit Einsetzen des Lastsprungs von der Berechnung mit stationären Eingangsdaten abweichen.

Der zunächst monoton stetig anwachsenden Beladungsmasse folgt mit Beginn des Lastsprungs und dem Zwischenberechnungsschritt[11] ein übermäßig hoher Zuwachs der im Filtervlies eingelagerten Rußmasse. Der erhöhten Einlagerung an Ruß folgt wiederum eine monotone Steigerung der einlagerten Rußmasse aufgrund der für den Rest der Berechnung wiederum stationären Eingangsparameter.

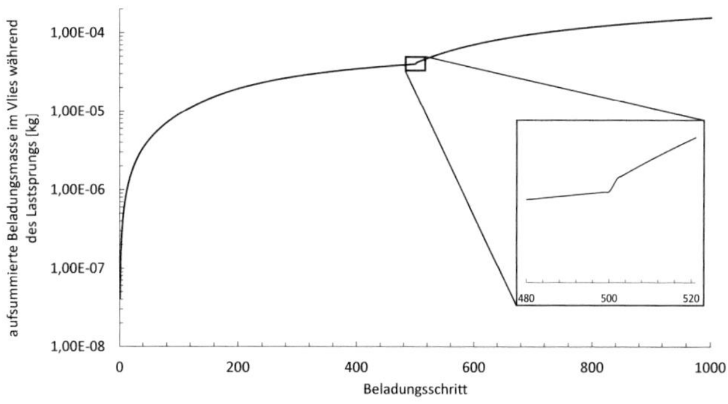

Abb. 9.4: Darstellung der durchschnittlichen Beladungsmasse innerhalb des Filtervlieses während des Lastsprungs

Porosität

Abb. 9.5 zeigt die mittlere Porosität der Volumenzellen im Filtervlies während des Lastsprungs. Analog Abb. 9.4 ist für die Porosität ein stetig monoton fal-

[11] Erhöhte Partikelemissionen nach [DK14]

lender Verlauf für den ersten Teil der Berechnung des Lastsprungs erkennbar. Ebenfalls zeigt sich, wie bereits in der Darstellung der eingelagerten Rußmasse, im Lastsprung eine stärker sinkende Porosität, welche dann mit dem letzten Teil der Berechnung des Lastsprungs wieder in einer stetig monoton fallenden Kurve ausläuft.

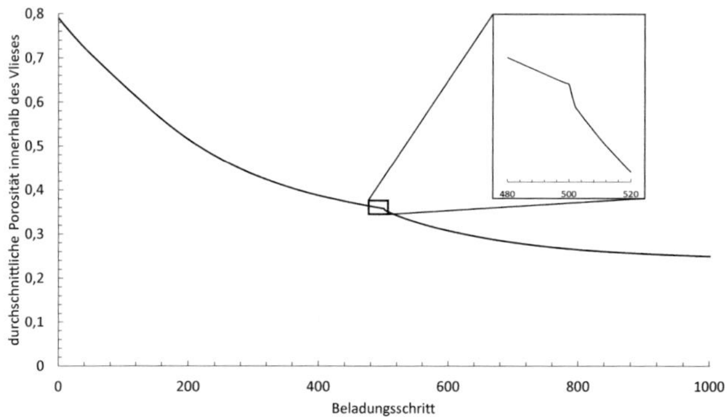

Abb. 9.5: Darstellung der durchschnittlichen Porosität im Filtervlies während des Lastsprungs

Druckverlust

Die vorgestellten Änderungen in der Packungsdichte führen auch im Fall des Lastsprungs zu einem lokal erhöhten, lokalen Widerstand des Filtervlieses.

Abb. 9.6 stellt den generierten Gegendruck des 1-Lagenmodells über den berechneten Lastsprung dar. Zunächst zeigt sich ein sehr niedriger Gegendruck, welcher bereits aus Kap. 7.2 bekannt ist. Mit Beginn des Lastsprungs steigt der Gegendruck sprunghaft an bis zum Gegendruck, welcher sich auch in der transienten Berechnung mit konstanter Eingangsgeschwindigkeit bei der hohen Anströmgeschwindigkeit von 20 $\frac{m}{s}$ einstellt.

Die hier gezeigte Möglichkeit der Berechnung eines Lastsprungs zeigt, dass die entwickelte Methode der Berechnung der Rußablagerungen innerhalb der Filterstrukturen in der Lage ist, Zyklen wie den NEFZ und den WLTP auf simulativen Weg nachzuvollziehen. Solche Berechnungen setzten die genaue Bestimmung der Eingangsparameter wie aktuelle Abgastemperatur, Strömungsgeschwindigkeit des Abgases und die Konzentration der Partikelemissionen voraus.

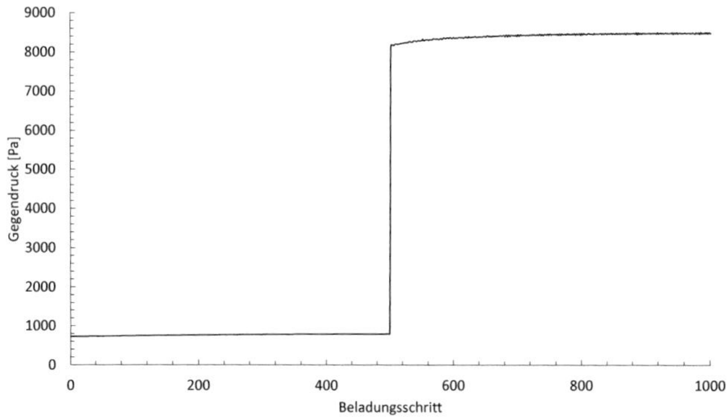

Abb. 9.6: Darstellung des flächengewichteten, mittleren Gegendrucks am Einlass des Filtermodells während des Lastsprungs

Kapitel 10

Zusammenfassung und Ausblick

Im Rahmen der vorliegenden Arbeit wird die Filtration und die zeitlich abhängige Beladung von Aerosolfiltern numerisch beschrieben. Dafür wird das zu untersuchende Problem in verschiedene Funktionsebenen mit unterschiedlichen Größenskalen aufgebaut und die für die Beladungskinetik charakteristischen Eigenschaften Druckverlust und Effektivität des Filters mit steigender Beladung berechnet.

Die betrachteten Abscheidemechanismen Impaktion, Interzeption und Diffusion in der elementarsten Funktionsebene, dem Abscheiden einzelner Partikel an einzelnen Fasern sind in Kap. 2 dargestellt und in Kap. 4 umgesetzt. Innerhalb der so genannten Einzelfasereffektivität werden die Ansätze sowie die Lösung der Umströmung einzelner Fasern im zweidimensionalen Raum erläutert. Die Lösung des Strömungsfelds um eine einzelne Faser bildet die Grundlage für die Berechnung der Effektivität einer einzelnen Faser bezüglich der Abscheidung von Partikeln für unterschiedliche Partikeldurchmesser und verschiedene Eingangsgeschwindigkeiten. Für die hier beschriebenen Abscheidemechanismen werden theoretische und semi-empirische Methoden zur Berechnung der Einzelfasereffektivität dargelegt und abschließend

Betrachtungen zur Berücksichtigung der Auswirkung beladener Fasern auf den Druckverlust und die Effektivität aus der Literatur zusammengefasst.

In Kap. 4 werden die theoretischen Zusammenhänge der Berechnung der Partikelbewegung um eine Einzelfaser dargelegt und numerisch berechnet. Für die Berechnung werden Partikel an der Modellgrenze gestartet und deren Bewegung durch das stationäre Strömungsfeld berechnet. Die Bewegungsdifferentialgleichung, welche die Bewegung der Partikel beschreibt, wird mit Hilfe des impliziten Integrationsverfahrens TRBDF2, das die notwendigen Stabilitätsanforderungen aufweist und eine integrierte Abschätzung des lokalen Fehlers zulässt, durchgeführt. Die Integrationsschrittweite des verwendeten Verfahrens ergibt sich adaptiv aus den geforderten Fehlertoleranzgrenzen. Die Diffusionsbewegung der Partikel wird mit einer mittleren quadratischen Verschiebung der aktuellen Partikelposition umgesetzt, wobei die Verschiebungen in jede Raumrichtung mit unabhängigen, normalverteilten Zufallszahlen erfolgt. Die Effektivität beladener Fasern wird mit einem Faserwachstumsmodell, in dem angenommen wird, dass die Fasern mit der Beladung im Durchmesser wachsen, berechnet. Plausibilitätsbetrachtungen der erstellten Routine mit Ergebnissen der in Kap. 2 vorgestellten, semi-empirischen Ansätzen zeigen sehr gute Übereinstimmungen. Weiterhin zeigen die Betrachtungen, dass vor allem die statistische Verschiebung der Diffusion die Berechnung von mindestens 10^4 Partikeln erfordert. Der gewählte Ansatz der Berechnung der Partikelbewegung um eine Faser in der Mikroskala erlaubt es, die Effektivität verschiedenster faserbasierter Aerosolfilter zu berechnen.

Kap. 5 nimmt die erzielten Ergebnisse der Einzelfasereffektivität auf und verwertet sie im Umfang einer $3D$ CFD Berechnung in der Simulationsumgebung FLUENT. Berechnet werden im vorgestellten Falle offene Dieselpartikelfilter, wobei die Entwicklung des Simulationsmodells bis zur Berechnung der Effektivität des Filters erörtert wird. Die Funktionalität der Berechnung der Filtereffektivität ist in der Umgebung FLUENT nicht grundsätzlich gegeben. Daher ist es notwendig, eine UDF zu erstellen, welche die aktuellen Zustandsgrößen der Partikelbewegung erfasst, um mit ihnen und den Ergebnissen aus Kap. 4 die lokale Filtereffektivität zu berechnen. Weiterhin wird in der UDF mit der lokalen Filtereffektivität die lokal abgeschiedene Rußmasse bestimmt und als UDM abgespeichert.

Die Ergebnisse für den stationären Fall erläutert Kap. 6. Im stationären Fall ist vor allem der Druckverlust und das Strömungsfeld innerhalb der Filterstrukturen von Interesse. Eine erfolgreiche Plausibilisierung der erzielten Ergebnisse mit dem Vergleich des über die Filterstrukturen generierten Druckverlusts und einem knotenweisen Vergleich des Strömungsfelds innerhalb der Strukturen unter Verwendung von PIV-Messungen zeigen die Realitätsnähe des Simulationsmodells sowie des gewählten Simulationsansatzes. Mit dem plausibilisierten Simulationsmodell ist es möglich, weiterführende Berechnungen zur Initial-Effektivität der verschiedenen Partikelfilterstrukturen durchzuführen. Diese Berechnungen erfolgen mit Hilfe einer UDF, welche die Partikelbahnverfolgung des in der Simulationsumgebung vorhandenen DPM-Modells weiter detailliert. Letzter Schritt der Partikelbahnberechnung ist es, die lokalen Rußablagerungen innerhalb der jeweiligen Volumenzellen zu berechnen und abzuspeichern. Der Effektivitätsberechnung wird ein hinreichendes Vertrauensniveau mit der Nachberechnung eines Versuchs der TH Karlsruhe bezüglich des fraktionellen Abscheidegrads der hier verwendeten Filtervliese gegeben.

Das Berechnen der lokalen Rußablagerungen im Filtervlies ist die Grundlage einer transienten Bestimmung der zeitlich abhängigen Beladung des Filters. Die zeitlich abhängigen Strömungszustände des Filters werden hierbei quasi-stationär durch diskrete Beladungszustände, innerhalb derer der Strömungszustand stationär ist, dargestellt. Kap. 6 liefert die lokalen Rußablagerungen nach der Initial-Beladung des Filtervlieses. Diese Ergebnisse werden in einer Erweiterung der UDF dazu verwendet, um von der aktuell, lokal abgelagerten Masse auf die aktuelle, lokale Porosität und damit auf einen lokalen, aktuellen Faserdurchmesser der jeweiligen Volumenzelle zu schließen. Die Durchführung der Berechnung der Effektivitätsdatenbank nach Kap. 4 für verschiedene Faserdurchmesser liefert die jeweilige Einzelfasereffektivität für im Durchmesser anwachsende Fasern. Der wachsende, aktuelle, lokale Druckverlust des sich mit der Beladung zusetzenden Filtervlieses wird über das vom aktuellen, lokalen Faserdurchmesser abhängigen

Widerstandsmodell nach Löffler berechnet. Eine Plausibilisierung des Modells erfolgt ebenfalls mit der Nachberechnung des Versuchs der TH Karlsruhe, wobei im transienten Fall der Verlauf des durch das Filtervlies generierten Druckverlusts über die Beladung im Fokus steht. Mit der erfolgreich plausibilisierten Methodik ist es möglich, zwei verschiedene Ausführungen des offenen Dieselpartikelfilters mit all ihren Betriebsparametern zu berechnen. Das Ergebnis der Berechnung zeigt die Vor- bzw. Nachteile der verschiedenen Ausführungen bezüglich der Abscheideeffizienz, des Druckverlusts sowie der sich über verschiedene Beladungsschritte entwickelnden Abscheideleistung für verschiedene Partikeldurchmesser.

Eine Kernanforderung an die erstellte Routine ist die universelle Einsetzbarkeit für beliebige Aerosolfilter. Ein Nachweis hierfür erfolgt in Kap. 8. In diesem Kapitel wird die Beladung der Feinstaubfilter eines Saugbaggersystems berechnet, wobei zunächst die Filterparameter und die Partikelverteilung der in diesem Bereich auftretenden Partikel bzw. Strömungen bestimmt werden. Mit den gemessenen Ergebnissen der Partikelverteilung wird zunächst die aktualisierte Einzelfasereffektivität für die Feinstaubfilter berechnet. Abschließend wird die Routine im Strömungslöser angepasst und das Modell erfolgreich berechnet.

Eine zukünftige Weiterentwicklung bzw. Verfeinerung der Methodik ist auf den einzelnen Betrachtungsebenen denkbar. In der untersten Betrachtungsebene des Umströmens der Partikel um einzelne Fasern, steht vor allem die Simulation des Regenerationsverhaltens des Partikelfilters durch die Beschreibung des Abbrands der abgelagerten Partikel an erster Stelle. Die Umsetzung der Simulation der Regeneration ist über die Kenntnis der abgelagerten, lokalen Rußmasse, der Beschreibung der genauen Abgaszusammensetzung sowie der Strömungstemperatur denkbar.

Neben dem Regenerationsverhalten ist ebenfalls die Verfeinerung der Form der Faser für die Berechnung der Einzelfasereffektivität im Bereich des Möglichen. Aktuell wird an dieser Stelle von einer idealen, runden Faser ausgegangen, welche jedoch in ihrer realen Form variiert und je nach Herstellungsparametern zum Beispiel eine Dreiecksform annehmen kann. Daher könnte ein Ansatzpunkt für eine Weiterentwicklung der Methodik sein, die

Berechnung der Einzelfasereffektivität auf andere Faserformen zu erweitern und die Auswirkungen dieser auf die Einzelfasereffektivität zu bestimmen und damit für einen Gesamtfilter die Auswirkungen auf die Filtrationsleistung zu berechnen.

Eine weitere, umsetzbare Verfeinerung ist die Berücksichtigung der lokalen Inhomogenitäten des Filtervlieses. Möglich ist dies durch eine Erweiterung des Ansatzes der Aktualisierung der lokalen Porosität für jeden einzelnen, quasi-stationären Zeitschritt. Der Ansatz macht es möglich, eine im Voraus mit geeigneten Messungen ermittelte, lokal aufgelöste Initial-Porosität für das gesamte Vlies zu hinterlegen. Vielversprechende Untersuchungen zeigten bereits, dass sich an dieser Stelle tomographische Verfahren eignen.

Anhang A

A.1 Programmablaufplan *cusfe*

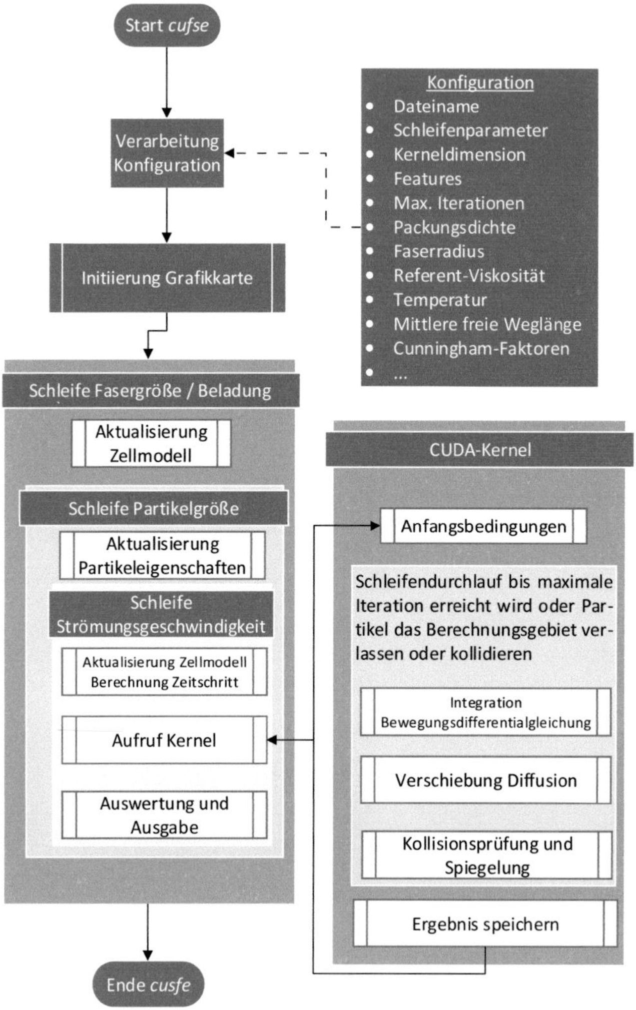

Abb. A.1: Programmschema des Programms *cusfe*

A.2 Eingangsdaten Simulation

Berechnung der Strömungsfelder erfolgt bei

- $373,15\,K$ für $4,8$ und $12\,\frac{m}{s}$
- $673,15\,K$ für 4 und $20\,\frac{m}{s}$

Umgebungsdruck
Der Umgebungsdruck am Auslass des Modells entspricht dem Normdruck, d. h. die Luft strömt ungehindert aus.

$$p_{atm} = 101325\,Pa \tag{A-1}$$

Dichte und Viskosität
Die Dichte ρ und die dynamische Viskosität η der Luft werden als konstant angenommen. Die Berechnung der Dichte erfolgt nach der Zustandsgleichung idealer Gase (Gl. (A-3)) mit dem Normdruck p_{atm} und der spezifischen Gaskonstante R_f.

$$R_f = 287,058\,\frac{J}{kgK} \tag{A-2}$$

$$\rho(T) = \frac{p}{R_f T} \tag{A-3}$$

Die dynamische Viskosität der Luft wird mit Hilfe der vereinfachten Sutherlandformel berechnet [ANS09b, S. 419-420]. Die Koeffizienten B_{Su} und S_{Su} lauten:

$$B_{Su} = 1,458 \times 10^{-6}\,\frac{kg}{m\;s\;K^{0,5}} \tag{A-4}$$

$$S_{Su} = 110,4\,K \tag{A-5}$$

Die Sutherlandgleichung lautet:

$$\eta = \frac{B_{Su}\,T^{1,5}}{T + S_{Su}} \tag{A-6}$$

Tab. A.1: Materialkennwerte Luft bei $373,15\ K$ bzw. $673,15\ K$

Temperatur $T\ [K]$	Dichte $\rho\ [\frac{kg}{m^3}]$	dyn. Viskosität $\eta\ [\frac{kg}{m\ s}]$
$373,15$	$0,9459398$	$2,1734083 \times 10^{-5}$
$673,15$	$0,5243667$	$3,2498146 \times 10^{-5}$

Darstellung des porösen Mediums

Die zur Beschreibung des porösen Mediums benötigten beiden Widerstandskoeffizienten werden nach [ANS09b, S. 230] experimentell aus der Messung des Druckverlustes Δp gewonnen. Die Koeffizienten lauten:

Tab. A.2: Koeffizienten poröses Medium

Faserdurchmesser	$C_2\ [\frac{1}{m}]$	$\frac{1}{\alpha}\ [\frac{1}{m^2}]$
$22\ \mu m$	$28701,55102$	$1,428640885 \times 10^{10}$

Partikelinjektion bei einer Fahrzeuggeschwindigkeit von $50\ \frac{km}{h}$

Die jeweils in einer Injektion gestarteten Partikelgrößen zuzüglich ihrer Anzahlkonzentration bei einer Fahrzeuggeschwindigkeit von $50\ \frac{km}{h}$ sind in folgender Tabelle aufgeführt.

Tab. A.3: Partikeldurchmesser und -konzentration (Fahrzeuggeschwindigkeit $50\ km\ h^{-1}$)

Partikeldurchmesser $[nm]$	Partikelkonzentration $[m^{-3}]$
30	$6,53 \times 10^{12}$
60	$1,07 \times 10^{13}$
80	$1,52 \times 10^{13}$
100	$1,00 \times 10^{13}$
200	$9,00 \times 10^{10}$
400	$2,70 \times 10^{10}$
600	$4,50 \times 10^{10}$

Partikelinjektion bei einer Fahrzeuggeschwindigkeit von 90 $\frac{km}{h}$
Die jeweils in einer Injektion gestarteten Partikelgrößen zuzüglich ihrer Anzahlkonzentration bei einer Fahrzeuggeschwindigkeit von 90 $\frac{km}{h}$ sind in folgender Tabelle aufgeführt.

Tab. A.4: Partikeldurchmesser und -konzentration (Fahrzeuggeschwindigkeit 90 $km\,h^{-1}$)

Partikeldurchmesser $[nm]$	Partikelkonzentration $[m^{-3}]$
30	$8,69 \times 10^{12}$
60	$1,29 \times 10^{13}$
80	$1,08 \times 10^{13}$
100	$6,26 \times 10^{12}$
200	$2,42 \times 10^{11}$
400	$1,17 \times 10^{10}$
600	$2,88 \times 10^{10}$

Partikelinjektion des Zwischenzeitschritts des Lastsprungs
Die jeweils in einer Injektion gestarteten Partikelgrößen zuzüglich ihrer Anzahlkonzentration des Zwischenzeitschritts des Lastsprungs sind in folgender Tabelle aufgeführt.

Tab. A.5: Partikeldurchmesser und -konzentration für die Berechnung des Zwischenschritts

Partikeldurchmesser $[nm]$	Partikelkonzentration $[m^{-3}]$
30	$7,61 \times 10^{13}$
60	$1,48 \times 10^{14}$
80	$1,30 \times 10^{14}$
100	$8,13 \times 10^{13}$
200	$5,71 \times 10^{12}$
400	$1,94 \times 10^{11}$
600	$3,69 \times 10^{11}$

Partikelinjektion bei einer Fahrzeuggeschwindigkeit von $50\,\frac{km}{h}$ eines Ottomotors

Die jeweils in einer Injektion gestarteten Partikelgrößen zuzüglich ihrer Anzahlkonzentration des Zwischenzeitschritts des Lastsprungs sind in folgender Tabelle aufgeführt.

Tab. A.6: Partikeldurchmesser und -konzentration des Ottomotors (Fahrzeuggeschwindigkeit $50\,km\,h^{-1}$)

Partikeldurchmesser $[nm]$	Partikelkonzentration $[m^{-3}]$
10	$7,22 \times 10^{11}$
60	$1,12 \times 10^{12}$
30	$9,37 \times 10^{11}$
60	$2,93 \times 10^{12}$
80	$1,86 \times 10^{12}$
100	$6,04 \times 10^{11}$
200	$5,06 \times 10^{09}$
400	$1,63 \times 10^{09}$
600	$2,74 \times 10^{08}$

A.3 Darstellung poröses Medium der Feinstaubfilter der Sauganlage

Tab. A.7: Parameter Feinstaubfilter Sauganlage

Parameter	Wert
Filterfläche	$3,2\,m^2$
Vliesdicke	$0,0011\,m$
Flächengewicht	$0,25\,\frac{kg}{m^2}$
Faserdichte	$1390\,\frac{kg}{m^3}$

Packungsdichte

$$\alpha_{Feinstaubfilter} = \frac{Flaechengewicht}{Faserdichte \times Vliesdicke} \tag{A-7}$$

$$\alpha_{Feinstaubfilter} = 0,16 \tag{A-8}$$

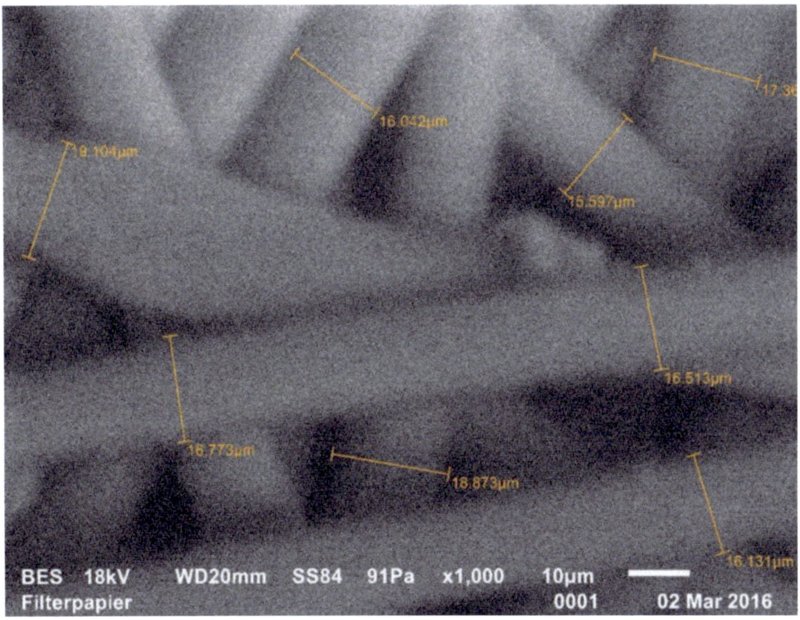

Abb. A.2: REM-Aufnahme Feinstaubfilter

Widerstandskoeffizient poröses Medium der Feinstaubfilter

$$K = \frac{dyn.\ Viskositaet \times Vliesdicke \times Anstroemgeschwindigkeit}{Druckverlust} \tag{A-9}$$

Tab. A.8: Koeffizienten poröses Medium Feinstaubfilter

Faserdurchmesser $[\mu m]$	$C_2\,[\frac{1}{m}]$	$\frac{1}{\alpha}\,[\frac{1}{m^2}]$
$17\,\mu m$	–	$6,5319725541 \times 10^9$

A.4 Darstellung Lochblech innerhalb der Sauganlage

Die Parameter zur Beschreibung des Lochblechs werden aus den konstruktiven Eigenschaften des Lochblechs abgeleitet bzw. ein Simulationsmodell erstellt, welches den Gegendruck bei verschiedenen Anströmgeschwindigkeiten berechnet.

Packungsdichte

$$\alpha_{Lochblech} = 0,35 \tag{A-10}$$

Widerstandskoeffizienten poröses Medium des Lochblechs

Tab. A.9: Koeffizienten poröses Medium Lochblech

$C_2\,[\frac{1}{m}]$	$\frac{1}{\alpha}\,[\frac{1}{m^2}]$
$3,6408163265 \times 10^3$	$1,6765396222 \times 10^6$

Materialkennwerte Luft bei Raumtemperatur

Tab. A.10: Materialkennwerte Luft bei $293,15\,K$

Temperatur $T\,[K]$	Dichte $\rho\,[\frac{kg}{m^3}]$	dyn. Viskosität $\eta\,[\frac{kg}{m\,s}]$
$293,15$	$1,204085$	$1,81341 \times 10^{-5}$

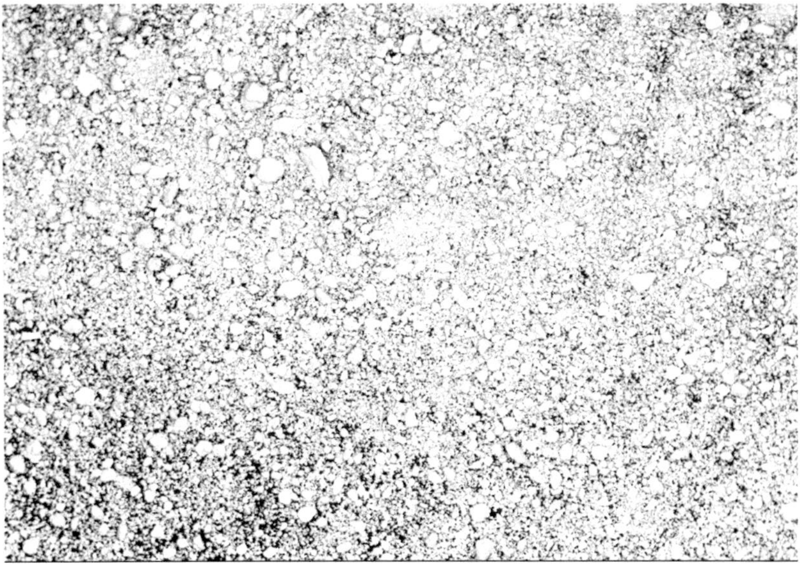

Abb. A.3: REM-Aufnahme der Partikelverteilung in der Filterkammer mit einer Auflösung von $500\,\mu m$

Parameter der Rosin-Rammler Verteilung zur Berechnung der Filterbeladung in der Sauganlage

Tab. A.11: Parameter Rosin-Rammler Verteilung

Parameter	Wert
max. Durchmesser	$200\,\mu m$
min. Durchmesser	$25\,\mu m$
mitt. Durchmesser	$49,01728\,\mu m$
Spreizung	$1,096164$
n	72

Literaturverzeichnis

[AM62] Allen, H. S. ; Maxwell, R. S.: *A Textbook of Heat.* London : Macmillan, 1962

[ANS09a] ANSYS Inc.: *ANSYS FLUENT 12.0 Theory Guide.* Lebanon, NH, 2009 (ANSYS FLUENT 12.0 Theory Guide)

[ANS09b] ANSYS Inc.: *ANSYS FLUENT 12.0 Users Guide.* Lebanon, NH, 2009 (ANSYS FLUENT 12.0 Users Guide)

[AR85] Allen, M. D. ; Raabe, O. G.: Slip Correction Measurements of Spherical Solid Aerosol Particles in an Improved Milikan Apparatus. In: *Aerosol Science and Technology 4* (1985), S. 269–286

[AS72] Abramovitz, M. ; Stegun, I. A.: *Handbook of mathematical functions: with formulas, graphs and mathematical tables.* 10. Auflage. New York : Dover Publications, 1972

[Bas10] Basshuysen, R. v.: *Handbuch Verbrennungsmotor; Grundlagen, Komponenten, Systeme, Perspektiven.* 5. vollständig überarbeitete und erweiterte Auflage. Wiesbaden : Vieweg + Teubner, 2010

[BCF+85] Bank R. E. ; Cougrahn, W. M. ; Fichtner, W. ; Grosse, E. H. ; Rose, D.: Transient simulation of silicon devices and circuits. In: *IEEE transactions on computer-aided design 4* (1985), S. 436–451

[BKH06] Brueck, P. ; Koncieczny, R. ; Hirth, P.: Der PM-Metalit: Erfahrungen mit dem Nebenstrom Partikelfiltersystem hinsichtlich Reduzierung von Partikelanzahl und -masse bei PKW- und LKW-Anwendungen. In: *4. Internationales Forum Abgas- und Partikelemission.* Wiesbaden, 2006, S. 92–107

[BL07] Bach, C. ; Lienin, S.: Emissionsvergleich verschiedener Antriebsarten in aktuellen Personenwagen / EMPA Materials Science and Technology, Abteilung Verbrennungsmotoren. 2007. – Forschungsbericht

[Bro93] Brown, R. C.: *Air Filtration: An Integrated Approach to the Theory and Applications of Fibrous Filters.* 1. Auflage. Oxford : Pergamon Press, 1993

[BWT81] Beizae, M. ; Wang, C-S. ; Tien, C.: Simulation model of particle deposition on single collectors. In: *Chemical Engineering Communications 13* (1981), S. 153–180

[Cag03] Cagna, M.: *Numerische Modellierung des zeitlichen Verhaltens von Strömungen in der Umgebung von Tiefenfiltern.* Karlsruhe, Universität Karlsruhe, Fakultät für Maschinenbau, Dissertation, 2003

[CPL95] Chen, D.-R. ; Pui, D. Y. H. ; Liu, B. Y. H.: Optimization of pleated filter designs using a finite-element numerical model. In: *Aerosol Science and Technology 23* (1995), S. 579–590

[Cra82] Crane Company: *Flow of fluids through valves, fittigs and pipe.* Chicago, 1982 (Technical paper 410 Metric Edition - SI Units)

[CRW+12] Cheng, L. ; Rief, S. ; Wiegmann, A. ; Adler, J. ; Mammitzsch, L. ; Petasch, U.: Simulation of soot filtration on the nano-, micro- and mesoscale. In: *Proceedings World Filtration Congress*, 2012

[CS02] Caesar, T. ; Schroth, T.: Einfluss der Faltengeometrie auf die Druckdifferenz tiefgefalteter Kassettenfilter. In: *F&S Filtrieren und Separieren* (2002)

[CTM+15] Ciuffo, B. ; Tutuianu, M. ; Marotta, A. ; Anagnostopoulos, K. ; Fontaras, G. ; Pavlovic, J. ; Serra, S. ; Tsiakmakis, S. ; Zacharof, N.: The development of the World-Wide Harmonized Test Procedure for Ligth Duty Vehicles (WLTP) and the pathway for its implementation into the EU legislation. In: *Transportation Research Board* (2015), Januar

[Dar56] Darcy, H. P. G.: *Les fontaines publiques de la ville de Dijon.* Paris : Victor Dalmont, 1856

[Dav73] Davis, C. N.: *Air filtration.* London : Academic Press, 1973

[Deu09] Deuschle, T.: *Untersuchung von Beladungs-, Regenerations- und Ascheeinlagerungsprozessen in Dieselruß-Partikelfiltern von Kraftfahrzeugen.* Stuttgart, Universität Stuttgart, Dissertation, 2009

[DK14] Disch, C. ; Kubach, H.: Untersuchung der Gemischbildung, Verbrennung und Schadstoffbildung im transienten Betrieb an einem Ottomotor mit strahlgeführter Direkteinspritzung / Deutsche Bundesstiftung Umwelt. Karlsruhe, 2014. – Abschlussbericht zur Projektphase I

[DL99] Dhaniyala, S. ; Liu, B. Y. H.: An Asymmetrical, Three-Dimensional Model for Fibrous Filters. In: *Aerosol Science Technology* 30 (1999), April, S. 333–348

[DL01a] Dhaniyala, S. ; Liu, B. Y. H.: Experimental Investigation of Local Efficiency Variation in Fibrous Filters. In: *Aerosol Science and Technology* 34 (2001), Nr. 2, S. 161–169

[DL01b] Dhaniyala, S. ; Liu, B. Y. H.: Theoretical Modeling of Filtration by Nonuniform Fibrous Filters. In: *Aerosol Science and Technology* 34 (2001), Nr. 2, S. 170–178

[Ein05] EINSTEIN, A.: Über die von der molekularkinetischen Theorie der Wärme geforderte Bewegung von in ruhenden Flüssigkeiten suspensierten Teilchen. In: *Annalen der Physik 322* (1905), S. 549–560

[EMI12] EMITEC: Projektunterlagen "Entwicklung eines wartungsfreien Partikelfilter-Systems mit Wärmerückgewinnung im Oxikat zur Erfüllung der nächsten Generation von KFZ-Abgasnormen"; BMWi; Förderkennzeichen 19U7004C; 2006-2012. 2012. – Forschungsbericht

[FH96] FILIPPOVA, O. ; HÄNEL, D.: Numerical simulation of particle deposition in filters. In: *Journal of Aerosol Science 27* (1996), S. 627–628

[FH97] FILIPPOVA, O. ; HÄNEL, D.: Lattice-Bolzmann simulation of gas-particle flow in filters. In: *Computers & Fluids 26* (1997), S. 697–712

[For05] FORCHHEIMER, P.: *Art. 20. Hydraulik in Encyklopädie der mathematischen Wissenschaften mit Einschluss ihrer Anwendungen / Volume / II. Hydrodynamik (Art. 15 - 22), / Chapter 324 - 472.* Graz, 1905

[FP08] FERZIGER, J. H. ; PERIC, M.: *Numerische Strömungsmechanik.* Berlin, Heidelberg : Springer, 2008

[FW90] FRENKLACH, M. ; WANG, H.: Detailed modelling of soot particle nucleation and growth. In: *23rd Symposium On Combustion.* Orleans, 1990

[GZ09] GRILLE, H. ; ZIENICKE, E.: *efef [Software]: Fortran, Linux.* Ilmenau, Technische Universität Ilmenau, Fakultät für Mathematik und Naturwissenschaften, FG Theoretische Physik, 2009

[Hap59] HAPPEL, J.: Viscous flow relative to arrays of cylinders. In: *AIChE Journal 5* (1959), S. 174–177

[Hil81] HILLER, R. B.: *Der Einfluss von Partikelstoß und Partikelhaftung auf die Abscheidung in Faserfiltern.* Karlsruhe, Universität Karlsruhe Institut MVM, Dissertation, 1981

[Hin99] Hinds, W. C.: *Aerosol Technology - Properties, Behaviour and Measurement of Airborne Particles 2. Auflage.* Los Angeles : John Wiley & Sons, Inc., 1999

[HKF11] Hammer, J. ; Kufferath, A. ; Frank, M.: EU6 - Herausforderungen für Ottomotoren mit Direkteinspritzung - Gesetzgebung, Partikelquellen beim DI - Lösungsansätze aus BOSCH-Sicht. In: *HORIBA CONCEPT* (2011), Februar

[HM05] Hoeffgen, T. ; Michaelis, B.: CFD simulation of the Bosch diesel particulate filter. In: *2nd European Automotive CFD Conference* (2005)

[Hof11] Hoferer, J.: *Einzelfaser-basierte Modellansätze zur Beschreibung der Filtrationskinetik von Tiefenfiltern.* Karlsruhe, Karlsruher Institut für Technologie, Dissertation, 2011

[Hop01] Hopp, M.: *Untersuchung der Rußoxidation unter dieselmotorischen Randbedingungen.* Aachen, RWTH Aachen, Dissertation, 2001

[HRNC03] Hands, T. ; Reavell, J. ; Nickolaus, C. ; Collings, N.: GDI measurements with a fast Particulate Spectrometer. In: *7th ETH Conference on Combustion generated Nanoparticles.* Zürich, 2003

[HV12] Hosseini, S. A. ; Vahedi Tafreshi, H.: Modeling particle-loaded single fiber efficiency and fiber drag using ANSYS Fluent CFD code. In: *Computers & Fluids 66* (2012), S. 157–166

[JC70] Juda, J. ; Chroschiel, S.: Ein theoretisches Modell der Druckverlusterhöhung beim Filtrationsvorgang. In: *Staubreinhaltung der Luft 30* (1970), S. 196–198

[JG94] Johnson, M. J. ; Gardner, C. L.: An interface method for semiconductor process simulation. In: *An interface method for semiconductor process simulation,* Bd. 58. New York : Springer, 1994, S. 33–47

[JPBS00] Janoske, U. ; Piesche, M. ; Blum, R. ; Stoppel, R.: Numerical simulation of the cross-flow filtration of suspensions in a flat channel. In: *World Filtration Congress 8* (2000)

[JT93] Jung, Y. ; Tien, C.: Simulation of Aerosol Deposition in granular media. In: *Aerosol Science and Technology 18* (1993), S. 418–440

[KEHM86] Kanaoka, C. ; Emi, H. ; Hiragi, S. ; Myojo, T.: Morphology of particulate agglomerates on a cylidrical fiber and collection efficiency of a dust loaded fiber. In: *Aerosols - Formation an Reactivity, 2nd International Aerosol Conference.* Berlin : Pergamon Journals Ltd., 1986, S. 674 – 677

[KEM80] Kanaoka, C. ; Emi, H. ; Myojo, T.: Simulation of the growing process of a particle dendrite and evaluation of a single fiber collection efficiency with dust load. In: *Journal of Aerosol Science* (1980), S. 377–389

[KET83] Kanaoka, C. ; Emi, H. ; Tanthapanichakoon, W.: Convective diffusional deposition and collection efficiency of aerosol on a dust-loaded fiber. In: *AIChE Journal 29* (1983), S. 895–902

[KH90] Kanaoka, C. ; Hiragi, S.: Pressure drop of air filter with dust load. In: *Journal of Aerosol Sience 21* (1990), S. 993 – 1009

[KHM$^+$00] Kayes, D. ; Hochgreb, S. ; Maricq, M. ; Posiadlik, D. ; Chase, R.: Particulate Matter during Start-Up and Transient Operation of a Spark-Ignition Engine: Effect of Speed, Load and Real-World Driving Cycles. In: *SAE Technical Paper Series 2000-01-1083* (2000)

[KHT01] Kanaoka, C. ; Hiragi, S. ; Tanthapanichakoon, W.: Stochastic simulation process of aerosol particles on an electret fiber. In: *Power Technology* (2001), S. 97–106

[Kit98] Kittelson, D. B.: Engines and Nanoparticles: A Review. In: *J. Aerosol Sci.* (1998), S. 575–588

[KKKV05] KONSTANDOPOULOS, A. ; KOSTOGLOU, M. ; KLADOPOULOU, E. ; VLACHOS, N.: Progress in diesel particulate filter simulation. In: *SAE Paper Series 2005-01-0946* (2005)

[KKR98] KONSTANDOPOULOS, A. ; KOSTOGLOU, M. ; ROSNER, D. E.: Shape evolution of particulate deposits on cylinders in cross flow. In: *Proceedings Third World Congress on Particle Technology.* Brighton Institution of Chemical Engineers, 1998

[KKS+00] KONSTANDOPOULOS, A. ; KOSTOGLOU, M. ; SKAPERDAS, E. ; PAPAIOANNOU, E. ; ZARVALIS, D. ; KLADOPOULOU, E.: Fundamental studies of diesel particulate filter: transient loading, regeneration and aging. In: *SAE Technical Paper Series 2000-01-1016*, 2000

[Kon91] KONSTANDOPOULOS, A.: *Effects of particle inertia on aerosol transport and deposit growth dynamics.* Yale, Yale University, Dissertation, 1991

[Kop14] KOPF, P.: *Modellierung der Staubfiltration auf Mikro- und Makroebene unter dem Einfluss komplexer Berandungen.* Konstanz, Universität Konstanz, Dissertation, 2014

[KSMH09] KASPER, G. ; SCHOLLMEIER, S. ; MEYER, J. ; HOFERER J.: The collection efficiency of a particle-loaded single filter fiber. In: *Proceedings Filtech Conference II*, 2009, S. 435–442

[Kuw59] KUWABARA, S.: The Forces experienced by randomly distributed parallel cylinders or spheres in a viscous flow at small reynolds numbers. In: *Journal of the Physical Society of Japan 14* (1959), S. 527–532

[Lec09] LECHELER, S.: *Numerische Strömungsberechnung: Schneller Einstieg durch ausführliche praxisrelevante Beispiele.* 1. Auflage. Wiesbaden : Vieweg+Teubner, 2009

[Leh05] LEHMANN, M. J.: *Untersuchungen zur Struktur und zur Beladungskinetik von Tiefenfiltern.* Karlsruhe, Karlsruher Institut für Technologie, Dissertation, 2005

[LF96] LUECKE, T. ; FISSAN, H.: The prediction of filtration performance of high efficiency gas filter elements. In: *Chemical Engineering Science 51* (1996), S. 1199–1208

[LG80] LEE, K. W. ; GIESEKE, J. A.: Note on the approximation of international collection efficiencies. In: *Journal of Aerosol Sience 11* (1980), Nr. 4, S. 335–341

[LH49] LANDAHL, H. D. ; HERRMANN, R. G.: Sampling of liquid aerosols by wires, cylinders, and slides, and the efficiency of impaction of the droplets. In: *Journal of Colloid Science 4* (1949), S. 103–136

[LIW08] LAKDAWALA, Z. ; ILIEV, O. ; WIEGMANN, A.: On coupled Micro- and Macro Simulation for Filtration Process. In: *Proceedings World Filtration Congress*, 2008

[LK02] LEHMANN, M. J. ; KASPER, G.: CFD Simulation of single fiber loading. In: *Particle Loading and Kinetics of Filtration in Fibrous Filters* (2002)

[LL82] LEE, K. W. ; LIU, B. Y. H.: Theoretical Study of Aerosol Filtration by Fibrous Filters. In: *Aerosol Science and Technology 1* (1982), S. 147–161

[Loe88] LOEFFLER, F.: *Staubabscheiden: 244 Abbildungen, 34 Tabellen.* Stuttgart : Georg Thieme Verlag, 1988

[LW03] LATZ, A. ; WIEGMANN, A.: A simulation of fluid particle seperation in relistic three dimensional fiber structures. In: *Proceedings Filtech Conference I*, 2003, S. 353–360

[Mar14] MARICQ, M.: Examining the relationship between black carbon and soot in flames an engine exhaust. In: *Aerosol Science and Technology* (2014), S. 620–629

[MSSO06] Merker, G. ; Schwarz, C. ; Stiesch, G. ; Otto, F.: *Verbrennungsmotoren - Simulation der Verbrennung und Schadstoffbildung.* 3. überarbeitete und aktualisierte Auflage. Wiesbaden : B.G. Teubner Verlag, 2006

[Muh76] Muhr, W.: *Theoretische und experimentelle Untersuchung der Partikelabscheidung in Faserfiltern durch Feld- und Trägheitskräfte.* Karlsruhe, Universität Karlsruhe, Dissertation, 1976

[OL03] Oertel jr., H. ; Laurien, E.: *Numerische Strömungsmechanik - Grundgleichungen und Modelle - Lösungsmethoden - Qualität und Genauigkeit.* 2. neu bearbeitete Auflage. Braunschweig : Vieweg, 2003

[Opr97] Opris, C. N.: *A computational model based on the flow, filtration, heat transfer and reaction kinetics theory in a porous ceramic diesel particulate trap*, Michigan Technology University, Dissertation, 1997

[Pay77] Payatakes, A. C.: A model of transient aerosol particle deposition in fibrous media with dendritic pattern. In: *AIChE Journal 23* (1977), S. 192–202

[PG80a] Payatakes, A. C. ; Gradon, L.: Dendritic deposition of aerosol particles in fibrous media by inertial impaction and interzeption. In: *Chemical Engineering Science 35* (1980), S. 443–454

[PG80b] Payatakes, A. C. ; Gradon, L.: Dendritic deposition of aerosols by convective Brownian diffusion for small, intermediate and high particle Knudsen numbers. In: *AIChE Journal 26* (1980), S. 1083–1096

[Pic65] Pich, J.: The Filtration Theory of highly dispersed Aerosols. In: *Staub - Reinhaltung der Luft 25* (1965), S. 16–23

[PT76] Payatakes, A. C. ; Tien, C.: Particle deposition in fibrous media with dendrite-like pattern: A preliminary model. In: *Journal of Aerosol Science 7* (1976), S. 85–100

[PT82] Pendse, H. ; Tien, C.: A simulation model of aerosol collection in granular media. In: *Journal of Colloid and Interface Science 87* (1982), S. 85–100

[RAB17a] Rastegar, V. ; Ahmadi, G. ; Babu, S. V.: Effect of flow velocity on fiber efficiency and particle residence time during filtration of aqueous dispersions-An experimental and simulation study. In: *Particulate Science and Technology* (2017), S. 1–10

[RAB17b] Rastegar, V. ; Ahmadi, G. ; Babu, S. V.: Filtration of Aqueous Colloidal Ceria Slurries Using Fibrous Filters - An Experimental and Simulation Study. In: *Separation and Purification Technology* 176 (2017), April, S. 231–242

[Rem01] Rembor, H. J.: *Das Verhalten von Tiefenfiltern bei zunehmender Beladung.* Aachen, Universität Karlsruhe, Institut MVM, Dissertation, 2001

[Rie11] Rieger, H.: *Numerische Untersuchungen der Strömung durch gewobene Regelstrukturen unter Anwendung der Immersed-Boundary-Method*, Universität Stuttgart, Institut für Mechanische Verfahrenstechnik, Dissertation, 2011

[RPM+10] Rebai, M. ; Prat, M. ; Meireles, M. ; Schmitz, P. ; Baclet, R.: A semi-analytical model for gas flow in pleated filters. In: *Chemical Engineering Science 65* (2010), S. 2835–2846

[RT88] Ramarao, B. V. ; Tien C.: Stochastic simulation of aerosol deposition in model filters. In: *AIChE Journal 34* (1988), S. 253–262

[SA10] Spurk, J. H. ; Aksel, N.: *Strömungslehre: Einführung in die Theorie der Strömungen: mit Aufgaben und Übungsbeispielen auf CD-ROM.* 8. überarb., verb. u. erw. Berlin : Springer, 2010

[SBG01] Stanmore, B. R. ; Brilhac, J. F. ; Gilot, P.: The oxidation of soot: a review of experiments, mechanisms and models. In: *Carbon 39* (2001), S. 2247–2248

[SBL03] Subranet, A. ; Bellettre, J. ; Le Cloirec, P.: 3-D numerical simulations of flows in a cylindrical pleated filter packed with activated carbon cloth. In: *Chemical Engineering Science 58* (2003), S. 4965–4973

[SF66] Stechkina, I. B. ; Fuchs, N. A.: Studies on Fibrous Aerosol Filters I: Calculation of Diffusional Deposition of Aerosols in Fibrous Filters. In: *Annals of Occupational Hygiene 9* (1966), S. 59–64

[SFZ+15] Shou, D. ; Fan, J. ; Zhang, H. ; Qian, X. ; Ye, L.: Filtration Efficiency of Non-Uniform Fibrous Filters. In: *Aerosol Science and Technology* 49 (2015), Nr. 10, S. 912–919

[SHVP13] Saleh, A. M. ; Hosseini, S. A. ; Vahedi Tafreshi, H. ; Pourdeyhimi, B.: 3-D microscale simulation of dust-loading in thin flat-sheet filters: A comparison with 1-D macroscale simulations. In: *Chemical Engineering Science 99* (2013), S. 284–291

[SL74] Suneja, S ; Lee, C.: Aerosol Filtration by Fibrous Filters at Intermediate Reynolds Numbers. In: *Atmospheric Environment 8* (1974), S. 1081–1094

[SRW09] Schmidt, K. ; Rief, S. ; Wiegmann, A.: Simulation of DPF media, soot deposition and pressure drop evolution. In: *Filtech Conference*, 2009

[SUL94] Schweers, E. ; Umhauer, H. ; Löffler, F.: Experimental Investigations of Particle Collection on Single Fibers of Different Configurations. In: *Particle & Particle Characterization 11* 4 (1994), S. 275–283

[Sut93] Sutherland, W.: The viscosity of gases and molecular force. In: *Philosophical Magazine Series 5-36* (1893), S. 507–531

[Syb14a] Syba, D.: *Entwicklung einer Methodik zur Beschreibung der Filtrationskinetik offener Dieselpartikelfilter.* Ilmenau, Technische Universität Ilmenau, Masterarbeit, 2014

[Syb14b] Syba, D.: *Untersuchung verschiedener Partikelfilterstrukturen - Optimierung einer Routine für das CFD Programm FLUENT zur Beschreibung der Ablagerung von Partikeln in einer Filterstruktur.* Ilmenau, Technische Universität Ilmenau, Projektseminar, 2014

[TB09] Tamayol, A. ; Bahrami, M.: Analytical determination of viscous permeability of fibrous porous media. In: *International Journal of Heat and Mass Transfer* 52 (2009), Nr. 9, S. 2407 – 2414

[TS03] Tronville, P. ; Sala, R.: Minimization of resistance in pleatet-media air filter designs: empirical and cfd approaches. In: *International Journal of Heating Ventilation Air Conditioning and Refrigeration Research* (2003), S. 95–106

[TWB77] Tien, C. ; Wang, C-S. ; Barot, D. T.: Chainlike formation of particle deposits in fluid-particle seperation. In: *Science 196* (1977), Mai, S. 983–985

[TWT82] Tsiang, R. C. ; Wang, C-S. ; Tien, C.: Dynamics of particle deposition in model fiber filters. In: *Chemical Engineering Science 37* (1982), S. 1661–1673

[Ver07] Verordnung (EG) Nr. 715/2007 DES EUROPÄISCHEN PARLAMENTS UND RATES: *Die Typgenehmigung von Kraftfahrzeugen hinsichtlich der Emisionen von leichten Personenkraftwagen und Nutzfahrzeugen (Euro 5 und Euro 6) und über den Zugang zu Reparatur- und Wartungsinformationen für Fahrzeuge.* Juni 2007

[Ver12] Verordnung (EG) Nr. 459/2012: *Änderung der Verordnung (EG) Nr. 715/2007 des Europäischen Parlaments und Rates und der Verordnung (EG) Nr. 692/2008 der Kommission hinsichtlich der Emissionen von leichten Personenkraftwagen und Nutzfahrzeugen (Euro 6).* Mai 2012

[Vin07] VINCENT, J. H.: *Aerosol Sampling. Science, Standards, Instrumentation and Applications.* John Wiley & Sons, Inc., 2007

[WBT77] WANG, C-S. ; BEIZAIE, M. ; TIEN, C.: Deposition of solid particles on a collector: Formulation of a new theory. In: *AIChE Journal 23* (1977), S. 879–889

[Wet10] WETZEL, M.: *Strömungssimulation und Variation einzelner Strukturelemente von Abgasanlagen und Validierung der Richtigkeit des Simulationsmodells mit Hilfe eines PIV-Messsystems.* Ilmenau, Technische Universität Ilmenau, Bachelorarbeit, 2010

[Whi91] WHITE, F.: *Viscous fluid flow.* 2. Auflage. New York : McGraw-Hill, 1991

[Wie12] WIEGMANN, A.: Modeling and simulation of filtration process - a practitioners overview. In: *Proceedings World Filtration Congress*, 2012

[WRLI09] WIEGMANN, A. ; RIEF, S. ; LATZ, A. ; ILIEV, O.: Towards predicting filtration and separation: progress & challenges. In: *Proceedings Filtech Conference*, 2009